Verkehr in Berlin · Nahverkehr

Landesbildstelle Berlin
(Herausgeber)

VERKEHR IN BERLIN

Von den Anfängen bis zur Gegenwart
Band 1 · Nahverkehr

163 Fotos aus dem Bildarchiv der Landesbildstelle, ausgewählt und erläutert von Jürgen Grothe

Haude & Spener

CIP-Titelaufnahme der Deutschen Bibliothek

Verkehr in Berlin : von d. Anfängen bis zur Gegenwart / Landesbildstelle Berlin. Ausgew. u. erl. von Jürgen Grothe. – Berlin : Haude u. Spener.
Bd. 1. Nahverkehr : 163 Fotos aus d. Bildarchiv d. Landesbildstelle. – 1988
2. verbesserte Auflage
ISBN 3-7759-0320-8

2. verbesserte Auflage

Redaktion: Wilhelm van Kampen
Satz: IBV Satz- und Datentechnik, Berlin
Lithos: O.R.T., Berlin
Druck: Kupijai & Prochnow, Berlin
Buchbinder: Heinz Stein, Berlin
Layout: Jürgen Stephan, Berlin
Umschlag: Hauke Sturm, Berlin
ISBN 3-7759-0320-8

Inhalt

Vorwort

Die 750-Jahr-Feier Berlins hat das in den vergangenen Jahren ohnehin schon lebhafte Interesse an den Bilddokumenten der Stadtgeschichte noch einmal kräftig anschwellen lassen. Die Landesbildstelle, der als audio-visuellem Zentrum des Landes auch die Landesarchive für Bild-, Film- und Tondokumente anvertraut sind, hat diesem Interesse schon im Vorfeld des Jubiläumsjahres durch eine Reihe von Ausstellungen aus dem Landesbildarchiv Rechnung getragen, die auch großen Zuspruch und Anerkennung gefunden haben. Das Thema „Verkehr in Berlin" ist dabei bisher nur am Rande vorgekommen. Es ist ein Spezialthema, von dem man aber sagen muß, daß es – gemessen an der Nachfrage in unserem Bildarchiv – viele Freunde hat. Das ist der Grund, warum wir uns entschlossen haben, diesen Bildband vorzulegen. Er bietet den Lesern keine Verkehrsgeschichte Berlins – so reizvoll es wäre, eine solche zusammenfassende Darstellung endlich zu haben; aber die hier dargebotene Fülle von Bilddokumenten zu dieser Geschichte dürfte, auch für sich genommen, schon sehr willkommen sein, denn eine so reiche Auswahl von älteren und neueren Fotografien vom Nahverkehr in Berlin hat es bisher noch nicht gegeben.

Daß diese Fotos von unterschiedlicher Qualität sind, muß dabei in Kauf genommen werden, gerade wenn es sich um Motive handelt, von denen es keine besseren Negative im Archiv gibt. Der Verlag hat sich bemüht, diese Schwächen durch sorgfältigen Druck auszugleichen; dafür schuldet ihm der Herausgeber Dank.

Die Interessenten und Liebhaber der Verkehrsgeschichte werden es andererseits vielleicht dem Herausgeber danken, daß zu jedem abgedruckten Foto auch die Archiv-Nummer angegeben ist. Das erleichtert die Bestellung, wenn ein Sammler die Aufnahme selbst besitzen möchte oder ein Historiker sie für seine Studien und Veröffentlichungen braucht. Wer mehr will, muß sich freilich doch die Mühe machen, ins Archiv zu kommen oder andere Archive aufzusuchen, denn auch einem reichbebilderten Band wie diesem sind von der Zahl der abgebildeten Motive her Grenzen gesetzt, und es gilt ja hier vor allem die Bestände des Landesbildarchivs vorzustellen.

Von einer anderen Einschränkung war schon die Rede: Die Verkehrsgeschichte Berlins erschöpft sich nicht in ihren Bilddokumenten, bei aller Fülle an Informationen, die in diesen Fotos enthalten ist. Zwar haben wir den Aufnahmen topographische Angaben hinzugefügt, wo es sich machen ließ und die Bildtexte dadurch nicht allzusehr überfrachtet wurden. Auch haben wir in der einleitenden Skizze zur Verkehrsentwicklung in Berlin den historischen Rahmen abzustecken versucht. Aber die vielfältigen schriftlichen Quellen und Darstellungen, mit deren Hilfe sich die Bilddokumente erst voll erschließen lassen, konnten doch nur zum Teil herangezogen werden. Wer tiefer in die wirtschaftlichen, sozialen und politischen Dimensionen der Berliner Verkehrsgeschichte eindringen will, muß also weitere Materialien studieren.

Aber auch, wie die Berliner den wachsenden Großstadtverkehr erleben, läßt sich den Fotos nicht so ohne weiteres entnehmen. Dichter und lebhafter Verkehr, Verkehrsgewühl und Verkehrslärm, Verkehrschaos gar, das sind ja relative Größen, deren Einschätzung und Erfahrung von mancherlei Bedingungen abhängen. In einer Kleinstadtgasse können zwei Reiter und eine Kutsche, die rücksichtslos gefahren wird, schon die Bürger erschrecken. In der engen Friedrichstraße staut sich auch der Strom der Pferdeomnibusse und der Droschken schnell. Was uns heute als ein Bild der Gemächlichkeit erscheint, kann den Zeitgenossen, die das nicht gewöhnt waren, durchaus auf die Nerven gegangen sein. Das Foto täuscht uns da vielleicht. Es hält den Augenblick fest und stellt damit das Leben still. Man muß es sich aber in Bewegung vorstellen, in einer Bewegung, die an manchen Kreuzungen und Plätzen der Stadt fast 24 Stunden lang anhielt: „Wenn Einheimische und Fremde von Berlin sprachen, dann schwärmten sie vor allem vom Straßenverkehr, der ‚Tag und Nacht wie im reißenden Strom' flute. Um 1900 war das ‚Verkehrsproblem' in aller Munde", schreibt Annemarie Lange in ihrem Bericht über das Berlin der Jahrhundertwende.

Die Stadt hatte einen steilen wirtschaftlichen Aufschwung genommen. Nun mußte für einen reibungslosen Berufsverkehr gesorgt werden: „Die Masse der Arbeiter konnte nicht mehr wie früher in der Nähe des Arbeitsplatzes wohnen, zumal wenn sie durch die Verhältnisse gezwungen war, ihn häufig zu wechseln. Die Anfahrtzeiten wurden immer länger. Mit dem Ausbau der Vororte wuchsen die Entfernungen, und wenn sich dort Industrie seßhaft machte, verstärkte sich höchstens der Gegenverkehr." Im Jahre 1900 fuhren 75900 Berufstätige aus den Vororten, vor allem aus Charlottenburg, Rixdorf und Schöneberg, nach Berlin zur Arbeit und 20300 Berliner Berufstätige in einen der Vororte. Und ihre Zahl wuchs schnell.

Die Hauptlast des Berufsverkehrs trug die Stadt- und Ringbahn mit ihren Vorortstrecken: „Wannsee- und Potsdamer Bahnhof, Alexanderplatz und Friedrichstraße, Moabit und Beusselstraße spieen mit jedem Zug Ströme von Menschen aus, die zu ihren Betrieben und Kontoren eilten. Auch sonntags waren die Züge knüppeldick voll, wenn die Berliner mit Kind und Kegel aus den Mietskasernen ‚ins Grüne' entflohen – hinaus nach dem Grunewald oder dem Wannsee, nach Treptow oder in die Müggelberge."

Die durch diese Entwicklung erzwungene Modernisierung des Nahverkehrs ging keineswegs reibungslos vonstatten. Erst jahrelange Auseinandersetzungen, in die die Gemeinden im Großraum Berlin ebenso verwickelt waren wie die wirtschaftlichen Interessenten, bahnten der Elektrifizierung und dem Bau der Hoch- und U-Bahn den Weg. Dabei hatte auch der Fortschritt noch seine Tücken, jedenfalls am Anfang. So sprang bei der Elektrischen oft die Rolle aus der Stromleitung heraus, und bis die lange Zuführungsstange wieder eingefädelt war, stauten sich die Straßenbahnen. Im Winter 1899/1900 legten Schnee und Glatteis den Verkehr fast lahm. „Die elektrisch betriebenen Sammelwagen", schrieb die BERLINER ILLUSTRIRTE am 7. Januar 1900, „bleiben bei dem starken Schneefall einfach stecken, weil der Strom streikt und nun ein Wagen nach dem anderen sich aufstaut. Gott sei Dank, zwischendurch fährt noch einer mit Pferdebetrieb. Was hätte die ‚Elektrische' ohne Pferde angefangen? Gäule werden ab und zu vor die großen Kasten gespannt, um sie ein Endchen weiterzuziehen."

Da gab es später manchen, der, nostalgisch gestimmt, alle früheren Verkehrsstockungen vergaß und der „gemütlichen Pferdebahn" nachtrauerte. Die Hochbahn wiederum fand noch nach fast 30 Jahren ihren Kritiker, der sie „nicht ohne inneres Grauen betrachten" konnte: „Die schönsten Straßen des Südostens, die Gitschiner und Skalitzer Straße mit ihren breiten Promenaden sind durch den ‚Magistratsregenschirm' arg verschandelt und die Bewohner zu Sklaven unseres nervösen Zeitalters gemacht." Aber man wußte sich zu trösten: „Ist die Anlage als Ganzes wenig künstlerisch, so sind doch durch die Erbauung einzelner Bahnhöfe, wie Nollendorfplatz, Hallesches und Schlesisches Tor, architektonisch reizvolle Bilder entstanden." Die Fotos in diesem Band sind ein Beleg dafür.

Die Knotenpunkte, an denen sich der Verkehr schon früh verknäulte, sind bekannt: der Alexanderplatz im Osten und der Potsdamer Platz im alten Westen. In der Gegend zwischen Alexanderplatz und Spree, wo sich der Engros- und Detailhandel konzentrierte, waren die Straßen bald verstopft „mit Rollfuhrwerken und Karren, bimmelnden Straßenbahnen, Kutschwagen, Pferdedroschken und hastenden Passanten". Deshalb mußte auch das Wahrzeichen Berlins, die „Berolina", ihren Platz schließlich räumen – sie war zu einer Verkehrsstörung geworden.

Eine andere Möglichkeit, solchen Störungen abzuhelfen, war die Polizei. Am 19. Dezember 1902, dem Goldenen Sonntag vor Weihnachten, übernahm zum erstenmal ein Polizist mit Trillerpfeife in Berlin die Verkehrsregelung: An der Ecke Friedrichstraße/Unter den Linden, der berühmten Kranzlerecke, wo damals zu allen Tages- und Nachtzeiten ein lebensgefährliches Gedränge von Fußgängern und Wagen herrschte. Bald sah man die Ordnungshüter, teils beritten, teils zu Fuß, auch an der Kreuzung Friedrichstraße/Leipziger Straße und am Potsdamer Platz (wo später der bekannte Verkehrsturm stand), und wenn man den Chronisten glauben darf, benutzten sie ab 1903 sogar statt der Trillerpfeife eine Art Trompete. Damen, die die Straße überqueren wollten, sollen sie den Arm geboten haben.

Die anschaulichsten Beschreibungen des Berliner Verkehrs beziehen sich meist auf die zwanziger Jahre, die Zeit, in der die Parole „Tempo, Tempo!“ aufkam. Walter Kiaulehn hat ihm etliche Seiten seines Berlin-Buchs gewidmet und dabei auch einige Bemerkungen über das Verhältnis des Berliners zum Verkehr gemacht. In London, Paris und New York, so sagt er, sei der motorisierte Verkehr wohl immer dichter und imposanter gewesen als in Berlin, der Berliner jedoch habe „seinen Verkehr“ „mit größter Teilnahme“ betrieben: „Wer auf die Massenverkehrsmittel angewiesen war, und das waren über 95% aller Berliner, der konnte sich frühmorgens an einer Art Frühsport beteiligen, das war der Verkehr. Er wurde unter Benutzung aller Verkehrsmittel betrieben, das große Einmannspiel gegen Zeit und Entfernung, gespielt von einigen hunderttausenden Teilnehmern, ein Massenrausch. Um sich darin zu behaupten, mußte man ‚kombinieren‘ können, mußte Stadt- und Ringbahn, Hoch- und Untergrundbahn, Omnibus und Straßenbahn so ineinander übergehend benutzen, daß man am Schluß der Sieger über Zeit und Entfernung war. Jeder Berliner Volksschullehrer sagte seinen Kindern das stolze Wort: ‚Es gibt keine Entfernungen in unserer Stadt!‘ Als Wahrheitsbeweis für dieses Wort wurde in den zwanziger Jahren der Einheitstarif des Verkehrs mit seinen vielen Umsteigemöglichkeiten geschaffen.“

Kiaulehn erinnerte sich auch daran, welchen Lustgewinn z. B. der Autobus mit dem offenen Oberdeck den Berlinern bescherte: „Es war ein großes Sommervergnügen, mit dem ‚Elfer‘ die ‚Linden‘ hinunter und über den Königsplatz nach Moabit zu fahren oder mit dem ‚Zwölfer‘ dicht unter den Baumkronen des Kurfürstendamms hinzuschleifen. Jeder stemmte den Fuß gegen die Blechkante, jeder Zweite hatte eine Kirschentüte in der Hand oder las ‚B. Z.‘, ‚Nachtausgabe‘ und ‚Achtuhrabendblatt‘.“

Schließlich erzählt er auch die Geschichte von dem Berliner Schauspieler Ludwig Hardt, der in Moabit wegen „Transportgefährdung“ angeklagt wurde, weil er abends um sieben, offenbar aus Lebenslust, sein Spazierstöckchen mitten auf den Kurfürstendamm geworfen hatte. Er wurde verurteilt, und das machte ihn in den Augen des Berliners Kiaulehn zum „Märtyrer der alten, festeingewurzelten Berliner Ansicht, daß die Straße dem Vergnügen der Einwohner diene und daß der Verkehr ein großes, kindliches Vergnügen und eine Quelle tiefer Lust sei“.

Das schien aber in der zweiten Hälfte der zwanziger Jahre vorbei zu sein: „Der ‚Moloch Verkehr‘ erhob sein Haupt.“ Er machte die Spaziergänger zu Verkehrsteilnehmern und den „Verkehrsfrühsport“ der Berliner zur Pflicht...

Streiflichter aus der Geschichte des Berliner Nahverkehrs – sie sollten dazu anregen, der Wirklichkeit in und hinter den Fotografien weiter nachzuspüren.

⋆

Am Ende dieses Vorworts bleibt noch die Pflicht, Dank zu sagen: Er gilt den Herren Junicke, Gorell und Nowicki von der Abteilung Öffentlichkeitsarbeit der BVG, die viele technische Informationen beigesteuert haben, ebenso wie den Mitarbeitern des Landesbildarchivs, die den Leiter des Archivs, Herrn Jürgen Grothe, bei der Aufbereitung des Materials unterstützt haben. Wir hoffen, daß sich ihre Mühe gelohnt hat.

Wilhelm van Kampen

Verkehr in Berlin – kurzgefaßt

Der öffentliche Nahverkehr in Berlin begann am 1. Januar 1688, kurz vor dem Tod des Großen Kurfürsten. Es war ein bescheidener Anfang. Berlin zählte über 17000 Einwohner. Die Straßen waren in einem fürchterlichen Zustand. Sie bestanden aus einem Kopfsteinpflaster ohne festen Untergrund. Gepflasterte Bürgersteige existierten nicht. Keine guten Voraussetzungen für die 24 Träger, die mit ihren 12 Sänften die Genehmigung erhielten, sich am Schloßplatz, am Berliner Rathaus und auf dem Friedrichswerder aufzustellen.

1739 wurde es moderner in Berlin. Eine Fiakerzunft nahm mit 14 Fuhrwerken den Verkehr auf. Das Unternehmen florierte aber anscheinend nicht, denn dreißig Jahre später, 1769, existierten erst 36 Fiaker. Die Fiaker waren viersitzige, in Riemen hängende Wagen. Infolge schlechter Pflege der Wagen und schlechten Benehmens der Kutscher, vor allem Damen gegenüber, ging die Benutzung der Fahrzeuge immer stärker zurück und wurde 1795 eingestellt.

Die Droschke setzte sich in Berlin nur langsam durch. 1814 erhielt der Pferdehändler Mortier aus Dessau ein Privileg, das ausschließlich ihm das Halten von Droschken an polizeilich bestimmten Stellen gestattete. Erst 1837 wurde die Genehmigung allgemein erteilt.

Für den Verkehr vor den Stadttoren genehmigte König Friedrich Wilhelm III. 1825 dem Fuhrunternehmer Simon Kremser, seine Pferdewagen (in dieser Zeit Omnibusse genannt) vor den Toren aufzustellen. Torwagen und Kremser dienten dem Ausflugsverkehr, aber auch als Verkehrsverbindungen zu den Dörfern und Städten in der Umgebung Berlins, z. B. nach Charlottenburg.

Um den innerstädtischen Verkehr zu verbessern, gab es seit 1829 Bestrebungen, Omnibusunternehmen zu gründen. Am 30. Oktober 1846 erhielt die „Concessionierte Berliner Omnibus-Compagnie“ die Genehmigung zum Betreiben von fünf Linien.

Sänftenträger auf dem Schloßplatz im Bezirk Mitte. Ausschnitt aus einem kolorierten Kupferstich von J. G. Rosenberg.
Stich: 1781 Archiv-Nr. II 1095

Am 1. Januar 1847 fuhren die ersten Pferdeomnibusse durch die Stadt. Berlin zählte im gleichen Jahr 388300 Einwohner.
Mit der Einführung der Gewerbefreiheit – laut Gesetz vom 22. Juni 1861 – gab es einen Aufschwung im Omnibusverkehr. Die Zahl der Fahrzeuge stieg von 66 im Jahre 1860 auf 393 im Jahre 1863. Die Mehrzahl der Berliner Omnibusunternehmen schloß sich aus wirtschaftlichen Gründen 1868 zur „Allgemeinen Omnibus-Aktien-Gesellschaft", kurz „ABOAG", zusammen. Der Betrieb wurde am 1. Juli 1868 mit 257 Omnibussen und 1089 Pferden eröffnet.
In der Zwischenzeit war den Omnibussen eine ernsthafte Konkurrenz entgegengetreten, die Pferdeeisenbahn.
Am 22. Juni 1865 wurde die erste Pferdebahn in Deutschland mit der Strecke Charlottenburg–Brandenburger Tor in Betrieb genommen. Am 28. August erfolgte die Verlängerung zum Kupfergraben. Betreiber war die „Berliner Pferde-Eisenbahn". Die Berliner Bevölkerung war im gleichen Jahr auf 645100 Einwohner angewachsen.
Die Entwicklung Berlins schritt rasant voran. Die Gründerjahre zwischen 1871 und 1875 und die Industrialisierung ließen die Bevölkerungszahlen rapide steigen: 1871 auf 799500 Einwohner, 1878 war die Millionengrenze bereits überschritten. Berlin war auf dem Weg, die führende Industriestadt auf dem Kontinent, aber auch die größte Mietskasernenstadt zu werden.
Der Berliner Magistrat stellte am 13. 5. 1871 fest, daß eine Ausdehnung der Stadt, die seit Beginn des Jahres Hauptstadt des Deutschen Reiches geworden war, von der Schaffung weiterer Verkehrsmittel abhing. So kam es am 8. 11. 1871, mit Zustimmung der Stadt und der Polizeibehörden, zur Gründung der „Großen Berliner Pferde-Eisenbahn-Aktien-Gesellschaft", die am 8. Juli 1873 ihre erste Strecke zwischen Rosenthaler Tor und der Badstraße (Gesundbrunnen) in Betrieb nahm. Das Unternehmen konzentrierte sich bei der Linienführung auf die Anbindung der Vororte mit der Innenstadt. So entstanden Strecken nach Pankow, Dalldorf (Wittenau), Tegel, Reinickendorf, Treptow, Rixdorf (Neukölln), Britz, Tempelhof, Schöneberg u. a.
Versuche der verschiedenen Gesellschaften mit alternativen Antriebsarten, wie Akkumulatoren oder Dampfkraft, hatten nicht den erhofften wirtschaftlichen Erfolg. Beide Systeme waren reparaturanfällig, die Wartung teuer, und wegen der Rauchbelästigung hagelte es Proteste der Anwohner.
1896 betrieb die „Große Berliner Pferde-Eisenbahn", die sich seit 1898 „Große Berliner Straßenbahn" nannte, bereits 45 Linien. Die grundlegende Neuerung der Antriebsart erfolgte durch Werner von Siemens. Er hatte einen Elektromotor entwickelt, der auf der Berliner Gewerbeausstellung von 1879 in Moabit, auf dem Gelände des späteren „Ausstellungsparkes", vorgestellt wurde. Zum erstenmal betrieb ein Elektromotor eine Ausstellungsbahn, die Personen beförderte.
Die Entwicklung war bahnbrechend, und allmählich wurde auch der Pferdebahnbetrieb auf elektrischen Betrieb umgestellt.
So fuhr am 16. Mai 1881 die erste elektrische Straßenbahn der Welt in Groß-Lichterfelde. Sie verkehrte zwischen dem Bahnhof der Berlin-Anhaltischen Eisenbahn (Lichterfelde-Ost) und der Haupt-Kadetten-Anstalt. Die Fahrzeit auf der 2,45 km langen Strecke betrug 10 Minuten. Hersteller und Betreiber war die Firma Siemens & Halske. Mit Zustimmung des Gründers der Villenkolonie Lichterfelde, Wilhelm von Carstenn, konnte die Gleisanlage der zum Bau der Haupt-Kadetten-Anstalt angelegten schmalspurigen Materialtransportbahn benutzt werden.
Den endgültigen Anstoß für die Umstellung der Pferdestraßenbahn auf elektrischen Betrieb gab die Gewerbeausstellung 1896 in Treptow. Die hier hinausführenden Linien wurden von vornherein elektrisch betrieben. 1897 schloß die Stadt Berlin mit der „Großen Berliner Pferde-Eisenbahn" (GBPfE) und der „Neuen Berliner Pferdebahn-Gesellschaft" einen Vertrag, dessen wichtigster Punkt die Elektrifizierung aller Pferdebahnlinien bis 1902 vorsah.

Ausgenommen waren Streckenabschnitte, wie z. B. vor dem Brandenburger Tor, die nicht durch Oberleitungen „verunziert“ werden sollten. Seit 1898 hieß die „GBPfE“ „Grosse Berliner Straßenbahn Aktiengesellschaft“, kurz „GBS“. Ihr gelang es in den folgenden Jahren, zahlreiche Pferdebahngesellschaften oder Aktienanteile anzukaufen. Am 1. Januar 1901 führte die Gesellschaft als Gegenleistung für die Zustimmungsverträge der Stadt den Einheitstarif von 10 Pfennigen ein. Ein weiterer Fortschritt war am 6. Mai 1902 die Kennzeichnung der Linien der „GBS“ und ihrer Tochtergesellschaften durch Nummern und Buchstaben. Die Elektrifizierung des Straßenbahnnetzes war 1902 abgeschlossen. Am 21. August desselben Jahres verkehrte die letzte innerstädtische Pferdebahnlinie zwischen dem Weddingplatz und der Potsdamer Straße/Großgörschenstraße.

Über kein Verkehrsmittel ist in den letzten Jahren so viel diskutiert worden wie über die S-Bahn. Ihre Geschichte ist eng verbunden mit der Entstehung des Berliner Eisenbahnnetzes.

Die erste Eisenbahn in Preußen fuhr am 29. Oktober 1838 von Berlin nach Potsdam. In den folgenden Jahren, zwischen 1841 und 1846, entstanden weitere Strecken, u. a. nach Köthen, Stettin, Frankfurt/Oder, Hamburg und Magdeburg. Jede Eisenbahngesellschaft besaß an der Peripherie der Innenstadt einen Kopfbahnhof. Um die Bahnhöfe miteinander zu verbinden, ließ der preußische Staat 1851 eine „Verbindungsbahn“ bauen, deren Streckenführung parallel zur Akzisemauer verlief. Sie war ausschließlich für den Güterverkehr bestimmt. Da sie den Anforderungen bald nicht mehr entsprach, ließ der Staat 1871 die Ringbahn bauen. Der östliche Teil zwischen Moabit und Schöneberg wurde am 17. Juli 1871 für den Güterverkehr eröffnet. Am 1. Januar 1872 folgte die Aufnahme des Personenverkehrs und am 15. November 1877 die Inbetriebnahme der westlichen Teilstrecke.

Um jedoch die Innenstadt verkehrsmäßig besser zu erschließen und eine Anbindung an die Ringbahn zu erreichen, wurde als Ost-West-Verbindung die Stadtbahn gebaut. Von vornherein für den Personenverkehr geplant, wurde sie am 7. Februar 1882 für den „Localverkehr“ und am 15. Mai für den Fernverkehr eröffnet.

Nach der erfolgreichen Vorstellung einer elektrisch betriebenen Bahn auf der Gewerbeausstellung von 1879 durch Werner von Siemens und der Umstellung der Straßenbahn auf elektrischen Betrieb wurde immer wieder die Elektrifizierung der Stadt- und Ringbahn diskutiert. Elektrisch betriebene Versuchszüge fuhren z. B. 1900–1902 auf der Wannseebahn, 1902–1903 auf der Militärbahn und seit 1903 auf der elektrifizierten Vorortbahnstrecke vom Potsdamer Ringbahnhof bis Lichterfelde-Ost.

Durch den Ersten Weltkrieg wurde diese Entwicklung unterbrochen. So kam es, daß erst am 8. August 1924 der elektrische Betrieb auf der Strecke vom Berlin-Stettiner-Vorortbahnhof nach Bernau eingeführt werden konnte. Zunächst wurde die Strecke noch im Mischbetrieb, d. h. auch mit Dampfzügen befahren, seit dem 5. Juni 1925 jedoch ausschließlich elektrisch. Ebenfalls am 5. Juni 1925 war die Strecke Gesundbrunnen–Birkenwerder elektrisch befahrbar. Es folgten am 4. Oktober 1925 die Verlängerung nach Oranienburg und am 16. März 1927 die Strecke nach Velten. Auch für die Hoch- und Untergrundbahn ist die von Werner von Siemens entwickelte Schmalspurbahn (der Gewerbeausstellung in Moabit) als Vorläufer anzusehen.

Eine weitere Vorläuferbahn hatte die „Allgemeine Electricitäts-Gesellschaft“ (AEG) 1895 in Betrieb genommen. Die elektrisch betriebene Werkbahn verband als Tunnelbahn die Apparatefabrik in der Ackerstraße mit der Maschinenfabrik an der Brunnenstraße. Sie beförderte Arbeiter und Material.

Im Jahr der Moabiter Gewerbeausstellung, 1879, hatte Berlin 1069800 Einwohner. In der Innenstadt herrschte reger Verkehr. Pferdebahnwagen, Omnibusse, Droschken und Pferdefuhrwerke verstopften die Straßen.

Hieraus leitete Werner von Siemens seine Überlegungen ab, den Verkehr in eine zweite, d. h. vom Straßenverkehr unabhängige Ebene zu legen. So unterbreitete er 1880 den Vorschlag, eine elektrische Hochbahn vom Belle-Alliance-Platz (Mehringplatz) durch die Friedrichstraße bis zur Chausseestraße zu führen. Der Plan wurde von den Behörden der Stadt und den Anwohnern abgelehnt. Letztere befürchteten eine Entwertung ihrer Häuser. Doch Siemens gab nicht auf. Nach eingehenden Studien der örtlichen Verhältnisse legte er 1891 die Entwürfe zu einem Netz von elektrischen Hoch- und Untergrundbahnen dem königlichen Ministerium für öffentliche Arbeiten vor. Das Ministerium empfahl jedoch lediglich eine Ost-West-Linie zur Ausführung. Durch Kabinettsordre vom 22. Mai 1893 wurde der Bau schließlich genehmigt. Aber bis zur Ausführung durch die Firma Siemens & Halske vergingen noch einige Jahre. Streckenabschnitte mußten teilweise anders geführt werden als geplant; außerdem hagelte es Proteste von Anwohnern, die es zu berücksichtigen galt.

Im September 1901 begann die Montage der Wagen und gegen Ende des Jahres konnten die ersten Versuchsfahrten durchgeführt werden. Anfang 1902 nahm man den Probebetrieb auf, und nach der obligatorischen Fahrt der „Offiziellen“ am 15. Februar wurde die Strecke am 18. Februar 1902 auf dem Teilabschnitt Stralauer Tor–Potsdamer Platz für den Publikumsverkehr freigegeben. Am 11. März folgte die Strecke Zoologischer Garten–Potsdamer Platz, am 25. März der durchgehende Verkehr vom Zoologischen Garten zum Stralauer Tor. Noch im gleichen Jahr folgten die Verlängerungen zur Warschauer Brücke (17. 8.) und am 14. Dezember zum Bahnhof Knie, dem heutigen Ernst-Reuter-Platz. Die Streckenlänge betrug nun 11,2 km. In den folgenden Jahren wurde das Liniennetz immer weiter ausgebaut. Um wettbewerbsfähig zu bleiben, modernisierte die „ABOAG“ ihren Omnibuswagenpark. Am 15. November 1905 fuhren die ersten beiden Motoromnibusse durch die Stadt.

1911 wurde der „Zweckverband Groß-Berlin“ gegründet. Zu seinen Aufgaben gehörte es u. a., die Berliner Verkehrsverhältnisse zu koordinieren.

Der Erste Weltkrieg traf den Berliner Nahverkehr hart, Pferde und Wagen und Motoromnibusse wurden beschlagnahmt. Nach dem Krieg wurde der Omnibusbetrieb fast ausschließlich mit Kraftomnibussen wieder aufgebaut. Der letzte Pferdeomnibus fuhr am 25. August 1923.

Mit der Gründung der Stadtgemeinde Groß-Berlin 1920 wurde der Zweckverband zwar aufgelöst; aber die Vereinheitlichung des Straßenbahnwesens wurde weitergeführt. Am 1. 10. 1920 kamen die kommunalen Straßenbahnbetriebe Spandau und Köpenick an die „Große Berliner Straßenbahn“. Am 13. 12. folgten die städtischen Straßenbahnen in Berlin. Der neue Name des Betriebes lautete nun „Berliner Straßenbahn“. In den ungünstigen wirtschaftlichen Verhältnissen der Nachkriegszeit war dem Unternehmen aber kein langes Leben beschieden. Um eine flexiblere Wirtschaftsform zu haben, gründete die Stadt 1923 die „Berliner Straßenbahn-Betriebe-GmbH“. Langfristiges Ziel der Stadt Berlin war es jedoch, die drei Nahverkehrsmittel Omnibus, Straßenbahn, Hoch- und Untergrundbahn wirtschaftlich und organisatorisch zusammenzufassen. Am 8. 12. 1928 war es soweit, die „Berliner Verkehrs-Aktiengesellschaft“ (BVG) wurde gegründet und am 10. 12. 1928 ins Handelsregister eingetragen. Am 1. Januar 1929 nahm sie ihren Betrieb auf. Straßenbahn, Omnibus und U-Bahn wurden von nun an einheitlich verwaltet. Einer, der sich wesentlich für diese Fusion einsetzte, war der damalige Stadtrat für Verkehr, Prof. Ernst Reuter, der unvergessene spätere Regierende Bürgermeister West-Berlins. Am 1. Januar 1938 wurde die Gesellschaft unter der Bezeichnung „Berliner Verkehrs-Betriebe“ (BVG) in einen Eigenbetrieb der Stadt Berlin umgewandelt. Der am 1. 3. 1927 für die Straßenbahn, die U-Bahn und den Omnibus eingeführte Einheitstarif von 20 Pfennigen, der das einmalige Umsteigen auf einer Linie oder das Umsteigen von einem Verkehrsmittel zum anderen gestattete, war eine wesentliche Vereinfachung für die Fahrgäste.

Eine neue Antriebsart versuchte die BVG Anfang der 30er Jahre mit dem Oberleitungsbus. Werner von Siemens hatte bereits im April 1882 auf einer Versuchsstrecke in Halensee den ersten Oberleitungs-Omnibus der Welt getestet. Er nannte den Wagen „Electromote". Am 24. Dezember 1933 nahm die BVG mit der Linie A 31 die erste Strecke mit elektrischen Oberleitungsbussen zwischen dem Spandauer Hauptbahnhof und Staaken in Betrieb. Seit dem 2. Mai 1935 verkehrte die Linie A 32 zwischen Breitenbachplatz und dem Bahnhof Marienfelde.

Der Zweite Weltkrieg unterbrach die weitere Entwicklung des Berliner Nahverkehrs.

Durch die Kriegsereignisse, durch das Fehlen von Kraftstoff und Strom, kam es zu Einschränkungen in allen drei Bereichen. Es klingt heute fast unglaublich, daß am 21. April 1945, als der „Kampf um Berlin" begann, noch notdürftig U-Bahn- und Straßenbahnlinien verkehrten. Erst am 23. April mußte der Verkehr ganz eingestellt werden. Nach einer Statistik in der Festschrift „50 Jahre BVG" von 1979, war das Gleisnetz der Straßenbahn stark zerstört, ebenso 95 Prozent der Oberleitungen und Masten. Die Straßenbahnbetriebshöfe Schöneberg, Kreuzberg, Spandau und Treptow waren fast völlig vernichtet. Die Autobusbetriebshöfe Helmholtzstraße und Usedomer Straße waren zu 50 Prozent beschädigt, und den intakten Betriebshof Zehlendorf hatten die amerikanischen Besatzungstruppen im Juli 1945 für eigene Zwecke beschlagnahmt. Die Hauptwerkstatt der Straßenbahn lag zu 80 Prozent in Trümmern, die der Omnibusse zu 50 Prozent. Vom vorhandenen Wagenpark blieben betriebsfähig: 794 Straßenbahn-Trieb- und Beiwagen = 23,5 Prozent, 18 Autobusse = 2 Prozent und 608 U-Bahn-Wagen = 55 Prozent. Um so erstaunlicher war der Wiederaufbau und die schnelle Wiederinbetriebnahme der Verkehrsmittel. Am 28. 4. 1945 erließ der sowjetische Stadtkommandant, Oberst Bersarin, den Wiederaufbaubefehl Nr. 1. Im Artikel 4 hieß es: „Alle kommunalen Betriebe, u. a. die städtischen Verkehrsmittel (Untergrund- und Hochbahn, Straßenbahn und Trolleybus), haben ihre Arbeit zur Versorgung der Bevölkerung wieder aufzunehmen."

So war es möglich, daß nur fünf Tage nach der bedingungslosen Kapitulation vom 8. Mai 1945 bereits die erste Autobusverbindung zwischen dem U-Bahnhof Onkel Toms Hütte und Schönow den Betrieb aufnahm. Am 20. Mai folgten die ersten Straßenbahnlinien, Linie 28, Tegel–Tegelort, Linie 128, Heiligensee–Tegel, und die Linie 87 von Treptow zum Bahnhof Schöneweide. Am 31. 12. 1945 waren schon wieder 50 Straßenbahn- und 12 Autobuslinien in Betrieb. Während der Endkämpfe hatten deutsche Soldaten am 2. Mai 1945 den Tunnel der Nord-Süd-S-Bahn unter dem Landwehrkanal gesprengt. Der Tunnel lief voll Wasser, und es dauerte bis zum 16. November 1947, bis er in seiner alten Länge wieder befahrbar war. Trotz starker Zerstörungen des Streckennetzes und der Bauwerke fuhr am 6. Juni 1945 wieder die S-Bahn auf der Teilstrecke Schöneberg–Wannsee. Auf den Vorortstrecken wurde der Betrieb ab Juli, z. B. auf der Strecke Ostkreuz–Mahlsdorf am 31. 7., wieder eingeführt, teilweise nur eingleisig, aber die Bevölkerung nahm das Angebot dankbar an, die Züge waren überfüllt. Im November folgte die Stadtbahn und ab Dezember der Verkehr auf der Ringbahn.

Der Teilung der Berliner Verwaltung folgte am 1. August 1949 auch die Spaltung der BVG. An den Sektorengrenzen mußten deshalb bei den Straßenbahnen die Schaffner gewechselt werden. Die BVG-West betrieb jetzt 36 Straßenbahn-, 10 Autobus-, 3 Oberleitungsbus-, 4 U-Bahnlinien und eine Personenschiffahrtslinie. Die BVG-Ost unterhielt 13 Straßenbahn-, 6 Autobuslinien und eine U-Bahnlinie. Schwerwiegende Folgen für den gesamten Berliner Verkehr hatte der Bau der Sperrmauer am 13. August 1961. Die S-Bahn-Strecken endeten an den Sektorengrenzen, nur die Nord-Süd-Bahn hielt weiterhin im Bahnhof Friedrichstraße (Grenzübergang), wo auch die Stadtbahn endete und ein Umsteigen u. a. zur Vorortstrecke nach Frohnau möglich war. Auf den Bahnhöfen in Ost-Berlin halten die Züge nicht. Die Ringbahn endete zunächst an den Bahnhöfen Gesundbrunnen und Sonnenallee. Sie wurde 1980 eingestellt. Auch das Streckennetz der U-Bahn wurde amputiert. Die

Linie 1 endet heute am Schlesischen Tor. Das Teilstück zur Warschauer Brücke wurde eingestellt. Die ehemalige Linie A (2) Krumme Lanke–Pankow endete am Bahnhof Gleisdreieck. Die Linie D, Leinestraße–Gesundbrunnen (Linie 8) hielt nicht mehr auf den Bahnhöfen in Ost-Berlin. Gleiches geschah auf der Linie C, Alt-Mariendorf–Tegel (Linie 6). Auch hier werden die Ost-Berliner Bahnhöfe, abgesehen vom Bahnhof Friedrichstraße, ohne Halt durchfahren.
Der Ausbau des U-Bahnnetzes nach dem Zweiten Weltkrieg begann am 26. Oktober 1953 in der Müllerstraße.
Die Linie Seestraße–Kurt-Schumacher-Platz wurde am 3. Mai 1956 in Betrieb genommen. Seit dieser Zeit entstanden in Berlin (West) 51,5 Kilometer neue U-Bahnstrecken mit 65 Bahnhöfen.
Während die U-Bahn-Strecken ausgebaut wurden, stellte die BVG in West-Berlin die Straßenbahnlinien allmählich ein. Am 2. Oktober 1967 fuhr die letzte Straßenbahn (Linie 55) in einem Festzug mit historischen Wagen von Spandau-Hakenfelde nach Charlottenburg.
Auch der Omnibusverkehr wurde ausgebaut, der Wagenpark ständig modernisiert. Der „Große Gelbe“ ist ja heute so etwas wie ein Wahrzeichen Berlins.
Ein folgenschwerer Tag für die S-Bahn in West-Berlin war der 17. September 1980. Es kam zum S-Bahner-Streik. Dies nahm die Reichsbahndirektion zum Anlaß, weitere Strekken stillzulegen. Nur die Teilstrecke Friedrichstraße–Charlottenburg und die Nord-Süd-Bahn blieben in Betrieb. Nach Verhandlungen mit der Reichsbahn und Konsultation der Westalliierten kam die S-Bahn im Januar 1984 an die BVG. In den folgenden Jahren wurden Strecken instand gesetzt, Stationsgebäude nach denkmalpflegerischen Gesichtspunkten restauriert.

Erste Versuchsfahrt der Magnet-Bahn am Gleisdreieck in Kreuzberg.
Foto: 28. 6. 1984 Archiv-Nr. 259 092

Als modernstes Verkehrssystem wird seit 1983 eine Magnetbahn-Versuchsstrecke vom U-Bahnhof Gleisdreieck zum Kemperplatz an der Philharmonie gebaut. Es handelt sich um ein Forschungsvorhaben in Zusammenarbeit der BVG mit der Studiengesellschaft Nahverkehr (SNV). In der Festschrift der BVG zur 750-Jahr-Feier Berlins 1987 „Typisch Berlin – ein BVG-Porträt“ heißt es dazu: „Die M-Bahn ist gegenüber spurgeführten Schienenbahnen ein völlig neues Nahverkehrssystem ohne rollende Reibung der Fahrzeuge auf der Strecke. Die M-Bahn-Wagen werden auf einem Fahrbalken durch magnetische Kräfte getragen und mit einem neuartigen Antriebssystem ohne Fahrmotoren im Fahrzeug fortbewegt.“

Omnibusverkehr

Omnibus der Hochbahn-Gesellschaft am Kottbusser Tor. Foto: 1914 Archiv-Nr. II 2002

Jahrzehntelang bestimmten Pferdeomnibusse das Bild in den Berliner Straßen. Der einspännige Pferdeomnibus 561 der Allgemeinen Berliner Omnibus-Actien-Gesellschaft (ABOAG) ist auf der Strecke Spittelmarkt–Schöneberg/Goltzstraße eingesetzt. Die Aufnahme entstand in der Leipziger Straße. In den Sommermonaten trugen die Pferde Strohhüte als Sonnenschutz.
Foto: um 1890 Archiv-Nr. 23 255

Der oft beschriebene Großstadtverkehr auf dem Potsdamer Platz begann schon um die Jahrhundertwende, als Omnibus und Straßenbahn noch von Pferden gezogen wurden. Der Zweispänner-Decksitz-Omnibus fährt zur Potsdamer Brücke.
Foto: 18. 4. 1896 Archiv-Nr. 253245

Ein Pferdeomnibus in der Tauentzienstraße Ecke Wittenbergplatz. An Stelle der Häuser auf der linken Seite entstand später das KaDeWe. Im Hintergrund kommt ein Dampfstraßenbahnwagen von der Kaiser-Wilhelm-Gedächtniskirche. Das auf dem Bild erkennbare grobe Pflaster erlaubte keine hohen Geschwindigkeiten.
Foto: 1897 Archiv-Nr. II 12369

Der mit zwei Pferden bespannte Sommerwagen der ABOAG, der hier die Weidendammer Brücke überquert, verkehrte zwischen Kreuzberg und dem Stettiner Bahnhof.
Foto: 1897 Archiv-Nr. 120068

Diese Straßenszene am Alexanderplatz ist typisch für das wilhelminische Berlin kurz vor der Jahrhundertwende. Pferdeomnibus und Pferdestraßenbahn, die untereinander eine starke Konkurrenz bildeten, fahren einträchtig nebeneinander. Der Decksitz-Omnibus fährt nach Moabit, hier in Richtung Memhardstraße.
Foto: 1898 Archiv-Nr. 120097

Die Weidendammer Brücke war einst die wichtigste Verbindung zwischen der Dorotheenstadt und der Spandauer Vorstadt. Der zweispännige Decksitz-Omnibus der ABOAG fuhr zwischen Charlottenstraße und Nettelbeckplatz.
Dieser Pferdebustyp konnte 30 Personen befördern.
Foto: 1898 Archiv-Nr. 120098

Unter den Linden Ecke Friedrichstraße. Zwei Polizisten auf den Kreuzungen beaufsichtigen hier den lebhaften Verkehr. Der Lärm der eisenbeschlagenen Räder der Pferdeomnibusse, Droschken und Handkarren auf dem Pflaster war erheblich.
Foto: 1898 Archiv-Nr. II 2988

Ein Pferdeomnibus der Linie 4. Diese Linie war eine Nord-Süd-Verbindung. Sie verkehrte zwischen dem Halleschen Tor und der Chausseestraße. Der Einspänner war 1897 für die Reform m.b.H. gebaut worden.
Foto: um 1904 Archiv-Nr. 282265

Der zweispännige Decksitzwagen der ABOAG passiert gerade den Dönhoffplatz im Zuge der Leipziger Straße. Dem Omnibus folgt der Triebwagen 1817 der Großen Berliner Straßenbahn. Er wurde 1900 gebaut (Typ Neu-Berolina).
Foto: um 1902 Archiv-Nr. 23263

Drei Pferdeomnibusse befahren die Kaiser-Wilhelm-Brücke in Richtung Spandauer Straße. Die 1885–1889 erbaute Brücke erhielt wegen der Nähe des Schlosses monumentale Schmuckelemente. Für den Bau der Brücke und die Durchlegung der Kaiser-Wilhelm-Straße mußte der Flügel der Hofapotheke verkürzt werden. Kurz vor Ende des Zweiten Weltkrieges wurde die Brücke gesprengt.
Foto: 1904 Archiv-Nr. II 63 50

Der erste Kraftomnibus bei seiner Abnahmefahrt am 18. November 1905. Er war für die Allgemeine Berliner Omnibus-Actien-Gesellschaft von der Firma Motorfahrzeug- und Motorenfabrik Berlin AG – Marienfelde, später Daimler-Benz, gebaut worden.
Foto: 18. 11. 1905 Archiv-Nr. II 3067

Auch an der vielbefahrenen Ecke Friedrichstraße/Leipziger Straße mußte der hier schon weitgehend motorisierte Verkehr durch einen Polizisten geregelt werden. Schon vor dem Ersten Weltkrieg werden die Verkehrsmittel, wie hier der Omnibus, zum Werbeträger. Die Linie 4 A wurde von der ABOAG betrieben und während des Ersten Weltkrieges, 1915, eingestellt.
Foto: um 1914 Archiv-Nr. II 2101

Dieser NAG-Omnibus der ABOAG wurde 1913 gebaut. Die Linie 14 verband den Arnswalder Platz mit der Hauptstraße in Schöneberg. Sie wurde während des Ersten Weltkrieges eingestellt.
Foto: um 1914 Archiv-Nr. II 1201

Der Omnibusbetriebshof der Hochbahngesellschaft in der Rütlistraße in Neukölln.
Foto: 1914 Archiv-Nr. II 12706

Ein Kraftomnibus der Linie B vor der Hochbahnstation Kottbusser Tor. Diese Linie der Hochbahn-Omnibus-Gesellschaft m.b.H. wurde im Mai 1914 eröffnet, aber bei Ausbruch des Ersten Weltkrieges schon wieder eingestellt. Die Busse wurden der Heeresverwaltung zur Verfügung gestellt.
Foto: 1914 Archiv-Nr. II 883

Ein zweiachsiger Decksitzwagen am Leipziger Platz. Er wurde durch einen Büssing-Motor angetrieben.
Foto: um 1924 Archiv-Nr. II 10 002

Nach dem Ersten Weltkrieg beherrschen bald Doppeldeckbusse vom Typ NAG und Büssing das Straßenbild Berlins, wie hier an der Kreuzung Friedrichstraße/Leipziger Straße.
Foto: um 1928 Archiv-Nr. II 910

Die Aufnahme vom Auguste-Viktoria-Platz (heute Breitscheidplatz) zeigt das typische Verkehrsbild gegen Ende der 20er Jahre mit Straßenbahnen, Oberdeck- und Doppeldeck-Omnibussen.
Der dreiachsige Büssing-Omnibus im Vordergrund (Typ Bü-D3) wurde 1929 gebaut.
Foto: um 1929 Archiv-Nr. 23 274

Dieser sogenannte Dreiachs-Hochsitz-Ausflugswagen von Büssing wurde zwischen 1928 und 1937 für den Ausflugsverkehr in die Mark Brandenburg eingesetzt. Er hatte 28 Sitzplätze und einen Klappsitz. Rechts daneben ein Decksitz-Motoromnibus mit Büssing-Motor.
Foto: um 1930 Archiv-Nr. II 2106

Dieses Foto von der Friedrichstraße Ecke Georgenstraße ging als Werbung für die 750-Jahr-Feier Berlins und die Ausstellung „Berlin, Berlin“ im Martin-Gropius-Bau um die Welt.

Der Blick fällt von der Stadt- und Fernbahnbrücke am Bahnhof Friedrichstraße auf das Central-Hotel. Es wirbt an der Straßenecke mit einer Leuchtreklame für den Besuch des Wintergartens.

Der NAG-Zweiachs-Doppeldeckbus auf der Friedrichstraße fährt zum Stettiner Bahnhof.

Foto: um 1930 Archiv-Nr. II 12 652

Die Bushaltestelle am Leipziger Platz. Der NAG-Kraftomnibus fährt in Richtung Spittelmarkt über die Leipziger Straße.
Im Hintergrund: das von Alfred Messel erbaute Warenhaus Wertheim, dessen markanter Kopfbau die Nordostecke des Platzes bestimmte. Links, vor dem Eingang zur U-Bahn, sind die Stände der berühmten Blumenfrauen zu erkennen.
Foto: 1932 Archiv-Nr. II 6852

Busverkehr an der Kreuzung Joachimstaler Straße–Hardenbergstraße. Der rechte Bus gehört zum Typ Bü D 38.
Foto: um 1938 Archiv-Nr. 172404

Der auf der Friedrichstraße fahrende Büssing-Dreiachs-Doppeldeckbus vom Typ Bü D 3 Die, Baujahr 1935, kommt aus der Richtung Weidendammer Brücke. Auf der rechten Straßenseite (Ostseite) befinden sich die „Deutsche Überseeische Bank“ und die „Komische Oper“.
Foto: 1938 Archiv-Nr. 142 664

Die Busendhaltestelle vor dem Anhalter Bahnhof am Askanischen Platz während des Zweiten Weltkrieges. Das Europahaus an der Saarlandstraße (heute Stresemannstraße) wurde als Geschäftshaus mit 280 Meter langer Front 1925–1927 von Bielenberg & Moser erbaut.
Foto: Juli 1943 Archiv-Nr. 101 479

Berlin liegt in Trümmern. Das Busnetz muß erst wieder aufgebaut werden. An der einst so verkehrsreichen Ecke Unter den Linden/Friedrichstraße steht vor der Ruine des Café Victoria, an der Nordostecke der Kreuzung, ein Omnibus, dessen Fenster zum Teil provisorisch mit Pappe abgedeckt sind.
Foto: 1947 Archiv-Nr. 277 321

Am Tage dieser Aufnahme, dem 4. Dezember 1951, wurde der Omnibus-Betriebshof „Z“ an der Winfriedstraße in Zehlendorf von der BVG wieder in Betrieb genommen. Er war am 7. Dezember 1937 eröffnet und am 15. September 1945 von den Amerikanern beschlagnahmt worden. Die Rückgabe erfolgte am 15. 11. 1951. Das Bild der Busse erinnert noch an die Vorkriegszeit.
Foto: 4. 12. 1951 Archiv-Nr. 15614

Dieser Bustyp (AEG-DB-36), hier an der Schloßstraße Ecke Schildhornstraße, stammt noch aus der Vorkriegszeit (1937). Der Omnibus mit Oberleitung, kurz Obus genannt, wurde von der AEG entwickelt. Das Fahrgestell stammte von Daimler-Benz.
Auf der Linie 32 verkehrte er vom 4. 7. 1949 bis zum 22. 3. 1965. Dann wurde er durch den Dieselkraftomnibus abgelöst.
Foto: 30. 6. 1952 Archiv-Nr. 19567

Der Büssing-Dreiachs-Doppeldecker mit Unterflurmotor, Typ Bü D 3 U 52, Baujahr 1952, bei einer Sonderfahrt in der Flottenstraße in Reinickendorf.

Foto: 30. 10. 1952

Archiv-Nr. 21 137

In den 50er Jahren gab es Sonderfahrten der BVG-West zum Friedhof Staaken. Das Foto zeigt die Sonderfahrt zum Totensonntag 1953 im alten Kontrollpunkt Heerstraße. Der Daimler-Benz Dreiachs-Doppeldecker, Typ DB D 38, stammt noch aus dem Baujahr 1939.
Foto: 22. 11. 1953 Archiv-Nr. 29 921

Als die Straßenbahn aus dem Berliner Verkehr verschwand, mußten auch die Betriebshöfe den neuen Verhältnissen angepaßt werden. Das Bild zeigt die Einweihung des Betriebshofes in der Müllerstraße nach dem Umbau.
Foto: 30. 6. 1960 Archiv-Nr. 70 356

Bei der BVG gab es als Kuriosum einen „Geisterbus". Dieser Bus war eigentlich kein BVG-Bus. Er wurde bei der Firma Gaubschat in Neukölln für Farbversuche gebaut. Nach dem 13. August 1961 wurde er bei der BVG bis etwa 1964/1965 eingesetzt. Dann kaufte ihn eine Getränkefirma in Bayern und ließ ihn teilweise umbauen. Der Bus nahm am Festzug „50 Jahre BVG" am 8. 4. 1979 teil.
Foto: 16. 10. 1961 Archiv-Nr. 77 966

Büssing-Zweiachs-Doppeldecker vom Typ Bü D 2 U 61, Baujahr 1961, an der Endhaltestelle der Linie A 62 am Hardenbergplatz. Der Busbahnhof Hardenbergplatz ist 1987 zum Jubiläumsjahr umgestaltet worden.
Foto: Januar 1967 Archiv-Nr. 272 907

Das Verkehrsbild aus der Berliner City zeigt vier Autobusse, die die Endhaltestelle am Hardenbergplatz verlassen haben.
Von links nach rechts sind zu sehen: ein Doppeldeck-Einmannbus der Dreieck-Ausflugslinie zum Grunewaldturm, ein Eindeck-Autobus vom Typ Präsident und zwei Doppeldeckbusse der Linien 62 und 55 E.
Foto: 18. 9. 1971 Archiv-Nr. 272 913

Für den Zubringerdienst vom Bahnhof Zoo zum Flughafen Tegel wurde dieser Zweiachs-Eindecker mit Gepäckablage, Typ MAN 2 H 81 (hier an der Endhaltestelle Hardenbergplatz), von der Firma MAN 1981 als Spezialfahrzeug gebaut.
Foto: 12. 11. 1982 Archiv-Nr. 245 988

Um alternative Kraftstoffe zu erproben, führte die BVG zu Beginn der 80er Jahre Methanol-Busse ein. Am 12. Mai 1982 wurden zwei davon auf dem Betriebshof an der Müllerstraße der Presse vorgestellt. Die Busse wurden dem Betriebshof in Spandau zugeteilt, wo sich auch die M-100-Tankstelle befindet.
Foto: 12. 5. 1982 Archiv-Nr. 242441

Der Daimler-Benz-Zweiachs-Eindecker, Typ DB E 2 H 81, Baujahr 1981, im Einsatz auf der Linie 30 an der Haltestelle Nahariyastraße in Lichtenrade.
Foto: 1986 Archiv-Nr. 280586

Zur 750-Jahr-Feier Berlins wurden am Kurfürstendamm neue Laternen, die sogenannten Hardenbergleuchten, aufgestellt. Zu den zahlreich zum Stadtjubiläum restaurierten Fassaden gehört auch die des Eckhauses Kurfürstendamm (17) Ecke Joachimstaler Straße. Der Zweiachs-Doppeldecker 3556, Typ D 86, wurde 1987 in Betrieb genommen. Der Einmannwagen verfügt über 34 Sitz- und 5 Stehplätze im Unterdeck sowie 47 Sitzplätze im Oberdeck.
Foto: 6. 10. 1987 Archiv-Nr. 288 839

Straßenbahn

Triebwagen 6303 vom Typ TF 50 mit zwei Beiwagen auf dem Hermannplatz. Die Beiwagen sind „Einheitsstraßenbahnwagen" aus der Vorkriegszeit. Sie waren für alle Straßenbahnbetriebe im ehemaligen Deutschen Reich konzipiert. Wegen des Ausbruchs des Zweiten Weltkrieges wurden nur einige Exemplare für Berlin gebaut.
Foto: 30. 6. 1952 Archiv-Nr. 19565

Die Fotos zeigen den ältesten Straßenbahn-Betriebsbahnhof in Deutschland in der Spandauer Straße 12–15, später Spandauer Damm 68–76, Ecke Sophie-Charlotten-Straße – allerdings nicht mehr in der ursprünglichen Form. 1864–1865 waren für die „Berliner Pferde-Eisenbahn Gesellschaft E. Besckow" auf dem Eckgrundstück ein Wagenschuppen, ein Stall für 128 Pferde, ein Wohnhaus, ein Fahrkartenhaus und eine Wartehalle erbaut worden. 1871–1872 entstand das Verwaltungsgebäude, das durch einen vorgezogenen Trakt eine Akzentuierung erhielt. Der 1875 erbaute Wagenschuppen erhielt um 1900 bei der Umstellung auf elektrischen Betrieb anstelle der rundbogig geschlossenen Tore eine große und eine kleine Einfahrt. Der Betriebshof wurde von der Gesellschaft „Hauptbahnhof" genannt.

1896 wurde der Betrieb mit Akkumulatoren auf der Linie Charlottenburg-Kupfergraben eingeführt. Das Foto zeigt einen vierachsigen Akkumulatoren-Triebwagen mit dem Richtungsschild Berlin-Kupfergraben an der Stirnseite. Daneben steht noch ein bespannter einspänniger Pferdewagen. Oberleitungen für den elektrischen Betrieb sind ebenfalls vorhanden.

Fotos: um 1900 Archiv-Nr. 267496
267495

Der älteste noch erhaltene deutsche Straßenbahnwagen wurde 1865 von der Wagenfabrik Lauenstein in Hamburg für die Berliner Pferde-Eisenbahn (BPfE) gebaut. Der zweispännige Decksitzwagen hatte oben und unten je 18 Längssitze. Er wurde eingesetzt auf der ersten Pferdestraßenbahnlinie in Deutschland, die am 22. 6. 1865 mit der Eröffnung der Teilstrecke Charlottenburg–Spandauer Straße (Spandauer Damm)–Brandenburger Tor den Betrieb aufnahm.
Das Foto entstand anläßlich des Jubiläums „50 Jahre Straßenbahn-Betriebshof Moabit", Wiebestraße 29–39, im Jahre 1951. Der Pferdebahnwagen war für die Feierlichkeiten reaktiviert worden. Er ist heute Bestandteil des Museumswagenparkes der BVG.
Foto: 1. 3. 1951 Archiv-Nr. 13 041

Die erste elektrische Straßenbahn der Welt fuhr fahrplanmäßig am 16. Mai 1881 in Groß-Lichterfelde. Sie verkehrte zwischen dem Bahnhof der Berlin-Anhaltischen Eisenbahn, später Lichterfelde-Ost, und dem Eingang der Haupt-Kadetten-Anstalt an der Zehlendorfer Straße, der heutigen Finckensteinallee.
Probefahrten hatte die Firma Siemens & Halske bereits seit dem 12. Mai durchgeführt. Für seine Bahn konnte Werner von Siemens den Gleiskörper der Materialtransportbahn benutzen, die zwischen 1873 und 1878 Baumaterial zur Errichtung der Haupt-Kadetten-Anstalt transportierte. Werner von Siemens, der eigentlich Hochbahnen bauen wollte, betrachtete die Bahn als eine vom Gerüst heruntergenommene Hochbahn. Die meterspurige Bahn erhielt den Strom von 180 Volt durch die Schienen.
Foto: Mai 1881 Archiv-Nr. II 1294

Das Foto zeigt drei bekannte Berliner Bauwerke: das Empfangsgebäude des Lehrter Bahnhofs, erbaut 1869–1871, das Marine-Panorama an der Straße Alt-Moabit, das ursprünglich als Deutsches Kolonialmuseum mit Dioramen ein anschauliches Bild der deutschen Kolonien vermittelte, und die Moltkebrücke, 1888–1891 nach Plänen des Architekten Otto Stahn erbaut.
Der einspännige Pferdebahnwagen Nr. 299 der Großen Berliner Straßenbahn fährt in Richtung Alt-Moabit. Er wurde 1880 von der Firma Herbrand & Co. in Köln-Ehrenfeld gebaut und hatte 14 Sitzplätze.
Foto: um 1891 Archiv-Nr. II 13158

Eine Episode in der Geschichte der Berliner Straßenbahn waren die Dampftriebwagen, die bald von der „Elektrischen" abgelöst wurden. Der auf der Tauentzienstraße fotografierte Wagen Nr. 24 wurde 1889 gebaut. Er verkehrte auf der Linie Nollendorfplatz–Tauentzienstraße–Kurfürstendamm–Hundekehle.
Anstelle der Häuserzeile links, zwischen Wittenbergplatz und Passauer Straße, wurde 1906–1907 nach Entwürfen von Johann Emil Schaudt das KaDeWe – Kaufhaus des Westens – erbaut.
Foto: 1897 Archiv-Nr. II 13 172

Die Dampflokomotive mit vierachsigem Beiwagen fährt an der Westseite des Winterfeldtplatzes entlang. Die Bebauung mit Mietskasernen ist sehr gut zu erkennen. Im Hintergrund sieht man in die Goltzstraße. Nach links verläuft die Pallasstraße.
Bereits 1884 führte die „Kurfürstendamm-Gesellschaft" auf dem Kurfürstendamm Probefahrten mit einem Rowanschen Dampftriebwagen durch. Am 5. Mai 1886 verkehrte die erste Dampfstraßenbahnlinie zwischen dem Zoologischen Garten und Halensee. Sie war von der „Kurfürstendamm-Gesellschaft" gebaut worden; den Betrieb führte die Firma Davy, Donath & Co. durch. Nach der Übernahme des Berliner Dampfstraßenbahn-Konsortiums durch die „Westliche Berliner Vorortbahn" im Jahre 1898 wurden die Bahnen elektrifiziert.
Foto: 1898 Archiv-Nr. II 11 928

Bülowstraße Ecke Frobenstraße mit der Lutherkirche auf dem Dennewitzplatz im Hintergrund. Noch ist der Mittelstreifen der Bülowstraße eine Grünanlage. 1902 mußte sie dem Hochbahnviadukt weichen. Zwischen den zweispännigen Pferdebahnwagen fahren bereits elektrisch betriebene Bahnen. Der Wagen im Vordergrund, Nr. 568, ist ein fünffenstriger Zweispänner, ein sogenannter Metropolwagen. Er wurde 1885 von der Firma Herbrand & Co. in Köln-Ehrenfeld als Triebwagen geliefert und später zum Beiwagen umgebaut.
Foto: 1897 Archiv-Nr. II 12 258

Die Leipziger Straße, hier an der Ecke Mauerstraße, bot zur Pferdebahnzeit ein Bild der Gemächlichkeit. Pferdefuhrwerke, Droschken, Handwagen und Handkarren fuhren einträchtig hintereinander, fast in gleicher Geschwindigkeit, die es auch Fußgängern erlaubte, die Straße zu überqueren.
Das Foto zeigt den einspännigen Pferdebahnwagen 604, gebaut 1885, der vom Henriettenplatz in Halensee kommt, und den Sommerwagen 983, einen Zweispänner, der 1891 gebaut wurde. Er kommt von der Uhlandstraße. Beide Wagen fahren in Richtung Spittelmarkt. Ihnen kommt ein Zweispänner entgegen, der zur Uhlandstraße in Wilmersdorf fährt. Von links biegt ein weiterer Sommerwagen von der Mauerstraße in die Leipziger Straße ein.
Foto: 1897 Archiv-Nr. II 4892

Die Potsdamer Brücke war 1897–1898 mit der Viktoria-Brücke als Doppelbrücke erbaut worden. Auf den Endsockeln der Geländer standen die Bronzesitzbilder berühmter Mathematiker und Physiker: an der Viktoria-Brücke Karl Friedrich Gauss und Werner von Siemens, an der Potsdamer Brücke Wilhelm Konrad Röntgen und Hermann von Helmholtz.

Die Potsdamer Straße hatte neben der Leipziger Straße und Friedrichstraße den stärksten Verkehr. Das Foto aus dem Jahr 1899 deutet die Entwicklung bereits an. Es zeigt aber auch, wie weitgehend der Verkehr bereits vom Pferdebahn- auf elektrischen Betrieb umgestellt war. Interessant sind auch die Straßenmöbel, die Laternen, das Brückengeländer mit den Bildwerken und die Uraniasäule an der Potsdamer Straße Ecke Königin-Augusta-Straße. Wie stark sich das Berliner Stadtbild verändert hat, wird erst deutlich, wenn man sich vergegenwärtigt, daß auf der rechten Seite des Fotos, nördlich des Kanals, heute die Neue Nationalgalerie steht.

Foto: 1899 Archiv-Nr. II 4777

Zweispänniger Decksitzwagen der Großen Berliner Straßenbahn in Dalldorf, das 1905 in Wittenau umgetauft wurde. Der Wirt des Restaurants, in dem sich auch eine Feuermeldestelle befand, begrüßt den Fotografen und die Pferdebahn mit einer „Weißen".
Die Linie nach Dalldorf war 1882 – im Anschluß an die Linie nach Tegel – von der Tegeler Chaussee aus in Betrieb genommen worden.
Foto: um 1900 Archiv-Nr. II 5003

Die Kreuzung Invalidenstraße/Chausseestraße im Jahre 1900. Noch bestimmen die Pferdefuhrwerke hier das Straßenbild. Der Triebwagen 1519 der Großen Berliner Straßenbahn, Typ Neu-Berolina, wurde 1899 gebaut. Links fährt ein Pferdeomnibus zum Halleschen Tor.
Foto: 1900 Archiv-Nr. II 4891

Auf der Weidendammer Brücke herrschte stets lebhafter Verkehr. Sie war die wichtigste Verbindung zwischen der Dorotheenstadt und der Spandauer Vorstadt. Die über sie laufende Friedrichstraße führte zur Chausseestraße, der Ausfallstraße nach Tegel, und weiter in die Mark Brandenburg. 1895–1897 wurde ein Neubau errichtet, der bereits die aufwendigen Kandelaber mit elektrischer Beleuchtung und das heutige Gitter trug. Am 25. 3. 1897 fuhr hier die erste Straßenbahn. Im Vordergrund des Fotos biegt der Einspänner Nr. 702 der Großen Berliner Pferde-Eisenbahn, gebaut 1887, in die Straße Am Weidendamm ein. Auf der linken Seite fährt ein mit Elektroenergie betriebener Versuchsomnibus. Die Metallbügel auf dem Fahrzeugdach dienen zum Aufladen der Akkumulatoren an den Endstationen.

Foto: 1900 Archiv-Nr. II 6579

Der Verkehr auf der Weidendammer Brücke im Jahre 1935. Der Triebwagen der Linie 25 vom Typ T 24, entworfen von dem Architekten Bruno Paul, zieht einen Niederflurbeiwagen, Typ BM 28, mit Mitteleinstieg.
Foto: 1935 Archiv-Nr. 72555

Der Molkenmarkt und die Spandauer Straße im Jahre 1901. Die hier sichtbare Randbebauung des ältesten Marktplatzes Berlins vereinigt Bauten vom 18. bis zum Beginn des 20. Jahrhunderts.
Auf der linken Seite führt die Eiergasse zum Nikolaikirchplatz. Die Kaufhauszeile als Eckgebäude mit Uhr wurde 1899–1900 erbaut. Den Hintergrund bestimmt der Turm des Berliner Rathauses. In Richtung Rathaus fährt der Triebwagen 2011, Typ Neu-Berolina, der 1900–1901 gebaut wurde. Ihm begegnet der Triebwagen 1408 vom Typ Alt-Berolina, gebaut 1898–1899. Die Mittelinsel diente als Droschkenparkplatz.
Foto: 1901 Archiv-Nr. II 3306

Bahnhof Rixdorf, Bergstraße (spätere Karl-Marx-Straße Ecke Saalestraße), 1901. Zwei Triebwagen der Südlichen Berliner Vorortbahn halten an dem Vorplatz des Ringbahnhofs. Beide Wagen, Nr. 18 und 26, wurden 1899 gebaut. Sie gehören zum Typ Neu-Berolina. 1920 kamen sie an die Berliner Straßenbahn.
Die Wagen verkehrten zwischen Rixdorf (ab 1912 Neukölln) und Schöneberg, Hauptstraße Ecke Eisenacher Straße, auf einer Strecke von 9,6 Kilometern. Der Ringbahnhof wurde 1890–1895 erbaut. Das Empfangsgebäude war in den Viadukt integriert. 1929–1930 erfolgte ein Bahnhofsumbau. Auf dem Viadukt steht ein Ringbahnzug mit einer Tenderlokomotive vom Typ „Moabit".
Foto: 3. 6. 1901 Archiv-Nr. II 515

Am 21. 8. 1902 verkehrte zwischen dem Weddingplatz und der Potsdamer Straße Ecke Großgörschenstraße die letzte Pferdebahnlinie im damaligen innerstädtischen Bereich.
Der Fotograf hielt die Fahrt mit seiner Kamera fest. Auf diesem Foto ist aus unbekannten Gründen der Hintergrund wegretuschiert. Den elektrischen Betrieb übernahm die Linie 24. Der Decksitz-Pferdewagen Nr. 291 der Großen Berliner Straßenbahn, gebaut 1879, wurde verschrottet.
Foto: 21. 8. 1902 Archiv-Nr. 282 263

Der Triebwagen 1941, Typ Neu-Berolina, Baujahr 1901/1902, mit Beiwagen an der Kreuzung Kurfürstendamm/Kurfürstenstraße. Um die Jahrhundertwende ging es hier, an der späteren Budapester Straße, noch geruhsam zu. Rechts ist der linke Flügelbau des Elefantenportals des Zoologischen Gartens zu erkennen.
Foto: 1902 Archiv-Nr. 253 244

Auf der Berliner Straße (seit 31. 7. 1947 Karl-Marx-Straße) begegnen sich an der Ecke Erkstraße die Straßenbahnlinien 48 (auf dem Wege von Britz zur Schönhauser Allee) und 15 (in Richtung Britz). Die beiden Triebwagen 1825 und 2239 gehören zum Typ Neu-Berolina und wurden 1900 bzw. 1901–1903 gebaut. Sie kamen 1920 an die Berliner Straßenbahn.
Das Amtshaus Rixdorf beherrscht die Ecke Berliner Straße/Erkstraße. Eine Gaslaterne weist auf den Ratskeller im Kellergeschoß hin. Das Amtshaus wurde 1878–79 erbaut. Bei der Aufstockung des Gebäudes um eine Etage wurde 1924 der Eckturm beseitigt. Die Ruine des im Zweiten Weltkrieg zerstörten Hauses wurde 1950 abgerissen.
Ein weiteres markantes Gebäude, das Königliche Amtsgericht, ist an der nächsten Ecke, Schönstedtstraße, zu sehen.
Foto: um 1903 Archiv-Nr. 250705

Einer der verkehrsreichsten Punkte in Berlin war die Kreuzung Leipziger Straße Ecke Friedrichstraße. Hier pulsierte das Leben der Großstadt. Hier standen die Zeitungshändler und die Polizisten, die den Verkehr beobachteten. Hier fuhren Pferdefuhrwerke, Omnibusse und Straßenbahnen in dichter Folge. Zum Einkauf, zum Kaffee fuhr der Berliner wie der Tourist in die Leipziger- oder Friedrichstraße. Sie waren keine Boulevards, besaßen aber die Atmosphäre der typischen Einkaufsstraßen.

Auf dem Foto fährt gerade der Triebwagen 2417 der Großen Berliner Straßenbahn, gebaut zwischen 1901 und 1903, Typ Neu-Berolina, durch die Leipziger Straße über die Kreuzung Friedrichstraße, in Richtung Leipziger und Potsdamer Platz. Sein Ziel ist die Gotzkowskystraße Ecke Turmstraße in Moabit.

Foto: um 1900 Archiv-Nr. 153983

Der Platz vor dem Brandenburger Tor war 1903 durch den Architekten Ernst von Ihne neu, d. h. repräsentativ mit Balustraden, Brunnen und den Denkmälern der Kaiserin Victoria und Kaiser Friedrich III. (enthüllt am 18. 10. 1903) gestaltet worden.

Da den Platz keine Oberleitungen verunstalten sollten, fuhren die Triebwagen hier im Unterleitungsbetrieb mit herabgezogener Kontaktstange.

An der Charlottenburger Chaussee, die erst 1937–1938 verbreitert wurde, wartet eine Schulklasse, die vom Ausflug in den Großen Tiergarten kommt, auf den Einstieg in die Straßenbahn.

Im Vordergrund des Fotos fährt ein Zug der Großen Berliner Straßenbahn, Linie 51, zur Schönhauser Allee/Ringbahnhof. In Gegenrichtung fährt ein Zug der Linie 9.

Foto: 1904 Archiv-Nr. II 3341

Das Foto zeigt das Leben auf dem Leipziger Platz, zwischen Potsdamer Platz und Leipziger Straße. Im Hintergrund ist der Kopfbau des Kaufhauses Wertheim zu erkennen.
Der Triebwagen 2207 der Großen Berliner Straßenbahn fährt über den Leipziger Platz in Richtung Leipziger Straße–Spittelmarkt. Die Linienführung ging dann weiter bis zur Badstraße Ecke Pankstraße. Der Wagen vom Typ Maximum 27 besaß 9 Fenster. Er wurde zwischen 1901 und 1904 gebaut. 1920 kam er an die Berliner Straßenbahn. Neben der Straßenbahn hält der Pferdeomnibus Nr. 1005. Er befuhr die Linie 5, die zwischen dem Stettiner Bahnhof und der Bülowstraße verkehrte.
Foto: Juni 1910 Archiv-Nr. 201 079

Ein Triebwagen vom Typ Maximum mit Sommerbeiwagen der Großen Berliner Straßenbahn in der Leipziger Straße. Die Linie 88 fuhr vom Schlesischen Tor über den Spittelmarkt, die Potsdamer Straße zur Rubensstraße in Friedenau.
Das Gebäude auf der linken Straßenseite ist der 1896–1897 errichtete Stammbau des Warenhauses Wertheim (Architekt Alfred Messel). Auf der rechten Seite sind ein Teil des Preußischen Herrenhauses und der Zaun des dazugehörenden Vorgartens zu erkennen.
Foto: 1910 Archiv-Nr. 201 080

Der Wagen 11 der Westlichen Berliner Vorortbahn fährt auf der Linie H – von der Maaßenstraße kommend – um den Hochbahnhof Nollendorfplatz herum zum Zoologischen Garten. Die Linie H, der Westring, fuhr von der Grunewaldstraße in Schöneberg über den Winterfeldtplatz, Nollendorfplatz, Tauentzienstraße, Bahnhof Zoologischer Garten, Kurfürstendamm/Uhlandstraße, Berliner Straße zurück zur Grunewaldstraße. Der Wagen Nr. 11 wurde zwischen 1897 und 1900 gebaut. Er kam 1920 an die Berliner Straßenbahn.

Foto: um 1910 Archiv-Nr. II 541

Köpenick hatte zur Zeit der Aufnahme etwa 27000 Einwohner. Am 18. Oktober 1882 fuhr zum erstenmal eine Pferdebahn durch die Stadt, die sich damals noch mit C schrieb. 1903 folgte die Umstellung auf elektrischen Betrieb. 1920 wurde die „Städtische Straßenbahn Cöpenick" von der „Berliner Straßenbahn" übernommen. Die Wagen aus der Serie 24–37 erhielten die neuen Nummern 4201–4214.
Der zweiachsige Triebwagen der Linie 2 fährt, aus der Altstadt kommend, in Richtung Dammvorstadt. Links im Hintergrund ist die 1889 vom Baumeister Franke erbaute katholische St.-Joseph-Kirche zu erkennen.
Foto: um 1910 Archiv-Nr. II 557

Am 12. 6. 1913 wurde die Strecke Britz–Buckow der Südlichen Berliner Vorortbahn in Betrieb genommen. Diese Straßenbahngesellschaft war eine Tochtergesellschaft der Großen Berliner Straßenbahn, deren Gleise sie teilweise befuhr und deren Beiwagen sie benutzte. Das „Konsortium der Südlichen Vorortbahn" erhielt am 25. 6. 1897 die Genehmigung zur Anlage einer elektrischen Straßenbahn in den südlichen Berliner Vororten Rixdorf, Britz, Schöneberg, Tempelhof, Lankwitz und Treptow. Am 1. 7. 1899 wurde als erste Strecke der Südring in Betrieb genommen. Am 15. 5. 1919 erfolgte rückwirkend zum 1. 1. 1918 die Eingliederung der Gesellschaft in die Große Berliner Straßenbahn. Das Foto entstand an der Endhaltestelle Buckower Chaussee – heutiger Buckower Damm (Ecke Dorfstraße, heute Alt-Buckow).
Foto: 12. 6. 1913 Archiv-Nr. 250 710

Im Ersten Weltkrieg mußten Frauen die Männer als Schaffnerinnen ersetzen.
Der Triebwagen 276 der Serie Nr. 230–289 der Berlin-Charlottenburger Straßenbahn wurde 1899 von der Waggonfabrik Dessau gebaut. Der Bügelstromabnehmer ist hier bereits durch die Kontaktstange ersetzt. Die Linie T verkehrte 1911 zwischen Ringbahnhof Halensee und Kupfergraben. Sie führte über den Kurfürstendamm, den Stuttgarter Platz, die Wilmersdorfer Straße, Kantstraße, Leibnizstraße, Knie, Großer Stern, Brandenburger Tor zum Kupfergraben. Die Streckenlänge betrug 9,6 km.
Foto: 1917 Archiv-Nr. II 8925

Das Foto zeigt den Potsdamer Platz in einer politisch turbulenten Zeit. Rechts biegt der Triebwagen 3009, Typ Maximum 30, der Großen Berliner Straßenbahn mit einem Beiwagen von der Königgrätzer Straße (späteren Stresemannstraße) kommend in die Potsdamer Straße ein. Die Weiterfahrt wird durch Regierungssoldaten behindert, die zum Schutz der Durchführung der Wahlen am 19. 1. 1919 in Richtung Innenstadt marschieren. Plakate auf dem Triebwagen und an dem Schinkelschen Wachgebäude weisen auf die Wahl hin.
Die Linie P verkehrte zwischen Westend und dem Bahnhof Rixdorf (später Neukölln).
Rechts ist das Café im Hotel Fürstenhof zu erkennen. Links fällt der Blick über den Leipziger Platz in die Leipziger Straße. Triebwagen verschiedener Bauart kommen aus der Richtung Spittelmarkt.
Foto: 19. 1. 1919 Archiv-Nr. II 5891

Im Hintergrund der Lindenstraße im Bezirk Kreuzberg ist das „Alte Kammergericht“, das heutige Berlin-Museum, zu sehen. Bis auf dieses Gebäude, das bis 1965 ebenfalls eine Ruine war, sind sämtliche Wohnhäuser während des Zweiten Weltkrieges zerstört worden.
Der Straßenbahnzug hält an der Mittelinsel. Die Linie 99 endete zur Zeit der Aufnahme noch in Mariendorf–Lichtenrader Chaussee. Erst 1928 wurde sie nach Lichtenrade verlängert. Der Triebwagen vom Typ U 3 L, Baujahr 1901, wurde 1923 umgebaut. Er gehörte ursprünglich der Großen Berliner Straßenbahn.
Foto: um 1925 Archiv-Nr. II 12 113

Der Triebwagen 4344 der Berliner Straßenbahn steht hier an der Endhaltestelle vor dem Bahnhof Lichterfelde-West. Der Wagen der ehemaligen Teltower Kreisbahn war 1921 von der Berliner Straßenbahn übernommen worden. Die Linie 42 verkehrte zwischen Steglitz, Südende und Lichterfelde West.
Der Bahnhof Lichterfelde-West wurde 1871–1872 erbaut und 1889–1891 für den Vorortverkehr erweitert. Das Geschäftshaus an der linken Straßenseite, Karlstraße 2–4 (spätere Baseler Straße), wurde 1897 nach Plänen des Architekten Georg Böhme errichtet.
Foto: um 1925 Archiv-Nr. II 12790

Das Foto dokumentiert die zunehmende Kriegsverwüstung in der Innenstadt im Jahr 1944, die bald auch den Verkehr einschränkte.
Von der Schützenstraße zweigt im Vordergrund die Mauerstraße ab (rechts das Eckhaus Mauerstr. 1). Die Straßenbahn steht in der Schützenstraße unmittelbar vor der Kreuzung Friedrichstraße. Der Triebwagen 3703 gehört zum Typ T 33 U. Er wurde 1899–1901 gebaut. 1933 erfolgte der Umbau des Wagenkastens. Da der Triebwagen keinen Kontakt zur Fahrleitung hat, ist anzunehmen, daß das Foto während oder kurz nach einem Luftangriff aufgenommen wurde.
Foto: 1944 Archiv-Nr. 390

Am Ende des Zweiten Weltkrieges wurden beschädigte Straßenbahnfahrzeuge zum Bau von Panzersperren verwandt, wie hier am Knie (später Ernst-Reuter-Platz).
Foto: 1945 Archiv-Nr. 20194

Die Linie 77 verkehrte zur Zeit der Aufnahme zwischen Joachimstaler Straße und dem Bahnhof Lichterfelde-West. Die Endhaltestelle in der Nähe des Bahnhofs Zoologischer Garten wurde mehrmals verändert.
Der Triebwagen vom Typ TM 36 und der Beiwagen, Typ B 24, haben z. T. noch verpappte Fenster. Die Halle des Fernbahnhofes Zoologischer Garten ist unverglast. Anstelle der hinter dem Triebwagen sichtbaren Ruine wurden provisorische Ladenzeilen errichtet, in denen u. a. „Aschinger" ein Restaurant eröffnete. Hier gab es wieder die berühmte Erbsensuppe. Die Linie 77 wurde am 2. 5. 1963 eingestellt.
Foto: 4. 10. 1945 Archiv-Nr. 6071

Der Potsdamer Platz im April 1947. Zur Zeit der Aufnahme fuhr die Linie 74 von Weißensee-Rennbahnstraße zur Finckensteinallee in Lichterfelde. Die Wagenfenster des Zuges sind noch größtenteils mit Pappe verschlossen. Der Triebwagen 5561 vom Typ TF 20–29 stammte noch aus dem Baujahr 1920/1921. 1929 war die Plattform umgestaltet worden. Die alte Bezeichnung war Hawa-Triebwagen (Hawa = Hannoversche Waggonfabrik AG). Die Beiwagen vom Typ B 24 wurden 1924/1925 gebaut. Der Zug fährt am teilzerstörten Columbushaus vorbei. Das Erdgeschoß, das erste und teilweise das zweite Geschoß wurden bereits wieder genutzt. Im Erdgeschoß hatte das am Leipziger Platz zerstörte Warenhaus Wertheim neue Räume bezogen. Nach einem Brand im Zusammenhang mit den Ereignissen am 17. Juni 1953 wurde das Haus abgerissen.
Foto: April 1947 Archiv-Nr. 14 022

Die Versorgungslücken nach 1945 zwangen die Berliner dazu, „hamstern“ zu fahren. Die Außenlinien der Straßenbahn boten sich an, in die Umgebung Berlins zu gelangen. Die Linie 28 war nach Beendigung der Kampfhandlungen die erste Linie, die in Berlin vom 20. Mai 1945 an wieder, zwischen Tegel und Tegelort, verkehrte. Das Foto zeigt zwei Beiwagen vom Typ B 24, Baujahr 1924, mit zum größten Teil verpappten Fenstern.
Foto: 1948 Archiv-Nr. 69 17

Noch fährt die Linie 4 über die Oberbaumbrücke, die den Bezirk Kreuzberg mit dem Bezirk Friedrichshain verbindet. Der Straßenbahnzug wird von einem Maximum-Triebwagen TD gezogen.

Foto: 1948

Archiv-Nr. 160 889

Die politische Teilung Berlins führte zur Unterbrechung der Linie 73, die durch Ost- und West-Berlin fuhr. In der Potsdamer Straße fand seit dem 20. 3. 1949 ein Schaffnerwechsel statt. Dabei wurde der in Ost-Berlin Ostgeld kassierende Schaffner von einem Kollegen, der Westgeld kassierte, abgelöst. Daß diese Aktion improvisiert war, verdeutlicht der ausrangierte Omnibus, der den Schaffnern der BVG-West als Unterkunft diente. Die Fenster des Triebwagens 5299 der BVG-West sind noch teilweise mit Pappe abgedichtet. Im Hintergrund steht die Ruine des ehemaligen Vox-Hauses. Von hier aus wurde am 29. 10. 1923 die erste Rundfunksendung in Deutschland ausgestrahlt.
Foto: 1949 Archiv-Nr. 2390

Besondere architektonische Akzente in der Schloßstraße setzte und setzt der am 26. 1. 1928 eröffnete Titania-Palast. Die Berliner Nachkriegsgeschichte ist eng mit diesem Lichtspieltheater verbunden. Bis zur Blokkade 1948 nutzten es die Amerikaner für ihre Truppenbetreuung. Erst während der Blockade wurde der Titania-Palast den Berliner Behörden zurückgegeben. Am 4. 12. 1948 sprach hier der damalige Regierende Bürgermeister Ernst Reuter bei der offiziellen Gründungsfeier der Freien Universität.

Auch die ersten Internationalen Filmfestspiele wurden in diesem Haus am 6. 6. 1951 durch Ernst Reuter eröffnet. Als letzte Premiere wurde im Dezember 1965 die „Fledermaus“ aufgeführt. Danach diente das Lichtspieltheater als Geschäftshaus mit unterschiedlicher Nutzung.

Durch die Schloßstraße fährt ein Verbundzug der Linie 67 nach Lichterfelde. In entgegengesetzter Richtung – Rheinstraße – fährt ein Dreiwagenzug der Linie 74. Er verkehrte von Lichterfelde/Finckensteinallee über Kaisereiche, Innsbrucker Platz, Pallasstraße, Kurfürstenstraße, Lützowstraße zum Potsdamer Platz/Linkstraße.
Foto: 22. 7. 1952 Archiv-Nr. 19 704

Der abgebildete Straßenbahnzug war zu einer Veranstaltung im Olympiastadion eingesetzt. Der Gelenkzug mit schwebendem Mittelteil hatte die Wagennummer 6211 und die Bezeichnung TG 29/38 Amg. Er wurde 1929 gebaut und besaß zu dieser Zeit zwei Stangenstromabnehmer, so daß die Möglichkeit bestand, ohne zu wenden in beide Richtungen zu fahren. 1938/1939 erfolgte ein Umbau, und 1952 wurde der Wagen 6211 in einen Einrichtungswagen umgebaut. Der zweite Triebwagen wurde so zum Beiwagen. Er war durch das Mittelteil und Faltenbalgverbindungen (Harmonika) mit dem Triebwagen verbunden. Der Zug hatte Raucher- und Nichtraucherabteile und konnte 147 Fahrgäste befördern.
Foto: 8. 8. 1952 Archiv-Nr. 19775

Am 31. 10. 1952 wurde die Wilhelm-Borgmann-Brücke, die im Zuge des Tempelhofer Weges über den Teltowkanal führt, eingeweiht. Den ersten Straßenbahnwagen fuhr der damalige Regierende Bürgermeister Prof. Ernst Reuter über die Brücke. Die Linie 6 verkehrte 1952 zwischen der Elsenstraße in Neukölln und dem Bahnhof Zoo.
Foto: 31. 10. 1952 Archiv-Nr. 21 195

Anfang der 50er Jahre wurde eine neue Generation von Straßenbahnwagen eingeführt. Dieser neue Zug biegt, aus Richtung Zoologischer Garten kommend, in die Kantstraße ein. Die Probefahrt des Großraumzuges vom Typ TED 52 fand am 29. Dezember 1952 statt. Den Prototyp baute die Deutsche Waggon- und Maschinenfabrik in Borsigwalde. Die elektrische Ausrüstung entwickelte die AEG. Der Triebwagen 7000 besaß 26 Sitz- und 69 Stehplätze, der Beiwagen 2000 vom Typ BED 52 hatte 29 Sitz- und 71 Stehplätze. Die Wagen, im Volksmund „Sambawagen" genannt, befuhren hauptsächlich die Linie 75 zwischen Zoologischem Garten und Hakenfelde, Niederneuendorfer Allee. Der abgebildete Zug, wie auch der Zug 7001/2001, sind bei der BVG als Museumszüge erhalten.
Foto: 29. 12. 1952 Archiv-Nr. 23904

Auf der Kreuzung Kurfürstendamm Ecke Joachimstaler Straße begegnen sich zwei Züge der Linie 77 mit je einem Triebwagen T 24 und einem Beiwagen vom Typ BDM 26. Von der Kaiser-Wilhelm-Gedächtniskirche kommt ein Zug der Linie 6.
Foto: 22. 3. 1954 Archiv-Nr. 31 995

Berliner Nachkriegsverkehr bei Nacht. Die Volkswagen im Straßenbild sind nicht mehr zu übersehen. Der Dreiwagenzug der Straßenbahnlinie 75 fährt in Richtung Spandau. Das Foto entstand anläßlich der Festbeleuchtung während der Berliner Festwochen 1958.
Foto: 3. 10. 1958 Archiv-Nr. 61 980

Die Haltestelle der Straßenbahn am U-Bahnhof Uhlandstraße auf dem Kurfürstendamm. Das Foto entstand einen Tag vor der Einstellung der Linie 76 am 1. 7. 1954. Die Linie verkehrte seit 1907 auf dem Kurfürstendamm.
Foto: 30. 6. 1954 Archiv-Nr. 34 052

Der Nettelbeckplatz 1955. Die Platzgestaltung zum Rundplatz aus dem Jahr 1953 läßt den Verkehr der Straßenbahnlinien gut erkennen. Die Linie 23 (rechter Zug) fuhr ursprünglich nach Rosenthal, zur Zeit der Aufnahme aber nur noch durch die Pankstraße, Prinzenallee zum S-Bahnhof Wollankstraße (Beiwagen 356 = Typ B 24, Baujahr 1924/1925). Die Linie 68 (linker Zug) kommt von der Müllerstraße/Gerichtstraße, fährt in die Reinickendorfer Straße und wieder in die Müllerstraße bis nach Wittenau, Nordbahnhof. Die Linie wurde am 1. 6. 1958 eingestellt.
Der Triebwagen 3644 vom Typ TM 31 U wurde 1899–1901 gebaut und 1931/1932 umgebaut.
Foto: 3. 6. 1955 Archiv-Nr. 274 951

Die Linie 3 war als Ringlinie in Betrieb genommen worden. Wer Berlin kennenlernen wollte, fuhr mit ihr auf dem „Großen Ring“. Die Linienführung wurde mehrmals geändert. Am 1. August 1964 wurde die „3“ in West-Berlin eingestellt.
Die beiden Triebwagen vom Typ TM 33, die hier im Verbund zu sehen sind, waren Mitteleinstiegwagen mit Schiebetür und 68 Plätzen. Sie wurden 1927 gebaut und 1933/1934 mit Zweifachsteuerung umgebaut.
Foto: 1. 8. 1964 Archiv-Nr. 98 979

An der Endschleife der Straßenbahn an der Niederneuendorfer Allee in Spandau/Hakenfelde stehen die Triebwagen 3449 und 3550 vom Typ TM 36. Sie wurden 1927 gebaut und 1936/1938 mit Zweifachsteuerung versehen. Foto: 23. 9. 1967 Archiv-Nr. 272 877

Am 2. Oktober 1967 wurde in West-Berlin die letzte Straßenbahnlinie eingestellt. Es war die Linie 55, die seit dem 1. Oktober 1964 nur noch zwischen dem Bahnhof Zoologischer Garten–Hardenbergstraße und Hakenfelde–Niederneuendorfer Allee verkehrt hatte. In einem großen Festzug, bestehend aus zehn Zügen mit 20 Wagen, nahmen die Berliner Abschied. Den Zug von Hakenfelde bis zum Richard-Wagner-Platz führte der Triebwagen 3566, Typ TM 36, Baujahr 1927, Umbau in Zweifachsteuerung 1936–1938, an. Der Wagen ist als Museumsfahrzeug bei der BVG erhalten.
Foto: 2. 10. 1967 Archiv-Nr. 122 847

S-Bahnhof Hohenzollerndamm. Foto: Juni 1975 Archiv-Nr. 189028

Der Ringbahnhof Wedding (zwischen Müllerstraße und Reinickendorfer Straße) noch vor der Jahrhundertwende.
Der Bahnhof war auf Viadukten erbaut. Von der Eingangshalle, die in die Viadukte eingefügt war, gelangte man auf den Mittelbahnsteig. Durch einen Umbau des Bahnsteigs (1907/1908) und die Veränderung der Ausgänge (1911/1912) erhielt der Bahnhof eine modernere Gestalt.
Die Wagen der Ringbahn wurden zur Zeit der Aufnahme noch von Dampfloks gezogen.
Foto: um 1890 Archiv-Nr. 282 264

Der Bahnhof Gesundbrunnen war 1895–1897 nach Plänen von A. Wegner erbaut worden. Er diente ursprünglich dem Fern-, Vorort- und Ringbahnverkehr. Das Empfangsgebäude für den Fern- und Vorortverkehr wurde an der Badstraße, das für den Ringbahnverkehr an der Brunnenstraße errichtet. Große Übergänge aus verglastem Eisenfachwerk verbanden die Empfangsgebäude und die Bahnsteige miteinander. Der Fernbahnsteig wurde später stillgelegt. Der linke Bahnsteig gehörte zur Ringbahn. Dahinter erkennt man das Empfangsgebäude an der Brunnenstraße.
An der Behmstraße steht der große Wohnblock mit dem integrierten Lichtspielhaus „Lichtburg“.
Foto: 1935 Archiv-Nr. 4967

Der Potsdamer Ringbahnhof wurde 1890–1891 südöstlich des Potsdamer Fernbahnhofes erbaut. Während des Zweiten Weltkrieges sind die Gebäude zerstört worden.

Foto: um 1934

Archiv-Nr. 20 202

Die Ringbahn am Bahnhof Halensee Ende der 60er Jahre.
Nach der Teilung der Stadt am 13. August 1961 befuhr die Ringbahn nur noch den westlichen Halbring zwischen Sonnenallee/Köllnische Heide und Gesundbrunnen.
Foto: 25. 4. 1969 Archiv-Nr. 134950

Der Stadtbahnviadukt zwischen den Bahnhöfen Jannowitzbrücke und Alexanderplatz (im Hintergrund) verläuft neben der Dircksenstraße, an der rechts die Rückseite des Polizeipräsidiums zu sehen ist. Links ist die Rückfront des Landgerichts I zu erkennen. Die Stadtbahn wurde als Hochbahn auf 731 Viaduktjochen von Osten nach Westen quer durch die Berliner Innenstadt geführt. Nur im Osten und in Charlottenburg verlaufen die Gleise auf Erdschüttungen.
Foto: um 1930 Archiv-Nr. 166397

In der Dircksenstraße herrscht geschäftiges Treiben. Die charakteristischen Stadtbahnbögen zwischen der Kaiser-Wilhelm-Straße und dem Bahnhof Alexanderplatz waren für die „Central-Markthalle“ angemietet. An der Westseite des Bahnhofes stehen Güterwagen auf den Markthallengleisen. Die Güterabfertigung, 1886 eröffnet, war durch Fahrstühle mit den Lagerräumen verbunden.
Die Dircksenstraße (ehemals „An der Stadtbahn“) wurde nach dem Baurat Ernst Dircksen benannt, der zwischen 1874 und 1882 maßgeblich den Bau der Stadtbahn plante und leitete.
Foto: 1928 Archiv-Nr. II 3917

Der 1880–1882 nach Plänen von Johann Eduard Jacobsthal erbaute Bahnhof Alexanderplatz wurde während des Zweiten Weltkrieges schwer beschädigt.
Foto: 20. 7. 1945 Archiv-Nr. 13 171

Die Bahnsteighalle des Bahnhofs Alexanderplatz war bereits 1926 umgebaut worden. Nach den Zerstörungen des Zweiten Weltkrieges erfolgte 1961–1964 ein Neu- und Umbau nach Plänen der Architekten H. J. May und G. Andrich. Der Platz an der Westseite des Bahnhofs mit der Rathausstraße im Vordergrund war früher dicht bebaut.
Foto: 1974 Archiv-Nr. 169 515

Der Bahnhof Friedrichstraße um die Jahrhundertwende.
Von links nach rechts verläuft die Friedrichstraße, die von der Georgenstraße gekreuzt wird. Mit dem Bau des Bahnhofes wurde 1878 begonnen. 1881 entstand die Hallenkonstruktion, und 1882 wurde der Bahnhof in Betrieb genommen. Die Entwürfe fertigte Johannes Vollmer.
Die gekrümmte Bahnhofsanlage mit zwei Mittelbahnsteigen für die Stadt- und Fernbahn entstand auf 15 Viaduktjochen.
Foto: um 1900 Archiv-Nr. II 10 546

1919–1925 wurde der Bahnhof Friedrichstraße durch Carl Theodor Brotführer umgebaut. Die zweischiffige Halle entstand auf den Viadukten der alten Anlage. Das Foto zeigt die Fernbahnhalle an der Südseite. Im Vordergrund: die Einmündung der Georgenstraße (von links) in die Friedrichstraße.
Foto: 1928 Archiv-Nr. II 2229

Die Stadtbahnstrecke zwischen dem Lehrter Stadtbahnhof und dem Bahnhof Friedrichstraße mit der Charité im Hintergrund. Das Stadtbild ist hier gegenüber der Vorkriegszeit kaum verändert.
Foto: März 1964 Archiv-Nr. 96 758

Der Bahnhof Bellevue wurde 1878–1880 nach Plänen des Architekten Johann Eduard Jacobsthal erbaut.
Er zählt heute zu den drei Stadtbahnhöfen, die noch in der ursprünglichen Form erhalten sind. Er wurde zur 750-Jahrfeier Berlins 1987 originalgetreu wiederhergestellt. Im Vordergrund verläuft die Brückenallee, die heutige Bartningallee.
Foto: um 1880 Archiv-Nr. 155 023

Ein Triebwagen der Baureihe 275 vor der Einfahrt in den Bahnhof Tiergarten. Das „S“ für Schnellbahn wurde am 1. Dezember 1930 offiziell eingeführt.

Foto: Januar 1984

Archiv-Nr. 255 335

Mit der Inbetriebnahme der Stadtbahn wurde der Bahnhof Zoologischer Garten am 7. Februar 1882 eröffnet. Das Foto zeigt links die Halle auf Viadukten mit einem ausfahrenden Südring-Zug. Zwei Jahre später, am 15. 10. 1884, folgte die Eröffnung des Fernbahnsteiges (Halle rechts). Der Zu- und Abgang vom Stadtbahnhof erfolgte über das sogenannte „Gewächshaus" auf dem Mittelbahnsteig zur Hardenbergstraße. Die Gebäude links, an der heutigen Jebensstraße, gehören zum Vergnügungspark „Westeisbahn".
Foto: 1898 Archiv-Nr. 220 874

Der Bahnhof Zoologischer Garten 1987. 1934–1936 war die S-Bahnhalle durch den Architekten Fritz Hane modernisiert worden. Die starken Zerstörungen während des Zweiten Weltkrieges wurden zwischen 1953 und 1961 behoben. 1986/87 erfolgte eine Renovierung der S-Bahn- und der Fernbahnhalle.
Das Foto zeigt den historischen S-Bahnzug (Stadtbahnwagen), der anläßlich der 750-Jahrfeier Berlins zwischen den Bahnhöfen Grunewald und Zoologischer Garten verkehrte.
Foto: 26. 4. 1987 Archiv-Nr. 286 326

Als letzte Stadtbahnstation wurde der Bahnhof Savignyplatz am 1. August 1896 eröffnet. Der Mittelbahnsteig ruht auf Viadukten, in die die Eingangshalle eingefügt ist. Das Holzsatteldach des Bahnsteiges wird von zwei Reihen gußeiserner Stützen getragen.
Foto: Januar 1984 Archiv-Nr. 255 373

Beim Bau der Nord-Süd-Bahn, die die Stadtmitte unterirdisch durchquert, ereignete sich am 20. August 1935 in der Nähe des Brandenburger Tores ein folgenschweres Unglück. Ungenügende Sicherheitsmaßnahmen ließen die Aussteifung für den Tunnel an der Hermann-Göring-Straße, der heutigen Friedrich-Ebert-Straße, zusammenbrechen. Neunzehn Arbeiter fanden den Tod.
Foto: August 1935 Archiv-Nr. 40 458

Im Zusammenhang mit dem Bau der Nord-Süd-Bahn wurde 1934/35 zwischen dem Stettiner Bahnhof und dem Bahnhof Gesundbrunnen der Bahnhof Humboldthain eingefügt (Entwurf Richard Brademann).
Ein Halbzug der späteren Baureihe 168 fährt hier an der Baustelle vorbei. Das Empfangsgebäude an der Wiesenbrücke ist bereits vollendet.
Foto: 18. 10. 1934 Archiv-Nr. 98 188

Der S-Bahn-Zug, der hier an der Hochbahnstrecke zwischen Gleisdreieck und Kurfürstenstraße zu sehen ist, ist ein Wannseebahnzug, der auf den Gleisen der Ringbahn zum Potsdamer Ringbahnhof fährt. Dieses Provisorium war notwendig geworden, da der Tunnel der Nord-Süd-Bahn unter dem Landwehrkanal am 2. 5. 1945 von der SS gesprengt worden war und voll Wasser lief. Der sogenannte „Olympiazug“ wurde von der Reichsbahn zur Bewältigung des Verkehrs während der Olympiade in Berlin 1936 angeschafft.
Foto: 1946 Archiv-Nr. 20531

Zwischen Julius-Leber-Brücke und S-Bahnhof Schöneberg (im Hintergrund) unterquert die Trasse der Wannseebahn das Gleis der Potsdamer Fernbahn.
Links: Cherusker- Ecke Gotenstraße, rechts: die Rückwände der Häuser an der Feurigstraße.
Foto: 15. 6. 1951 Archiv-Nr. 12545

Der S-Bahnhof Steglitz an der Kuhligkshofstraße, rechts: Albrechtstraße. Bereits zwischen 1843 und 1846 gab es eine Haltestelle in Steglitz an der Berlin-Potsdamer Eisenbahn. Da das Fahrgastaufkommen aber zu gering war, wurde sie wieder geschlossen. Am 1. Mai 1864 wurde erneut eine Haltestelle für Lokalzüge eröffnet. Als Stationsgebäude diente ein Bauernhaus. 1873 folgte der Bau des auf dem Foto sichtbaren Empfangsgebäudes. Wegen des Baues der Westtangente ist es 1966 abgerissen worden.

Foto: 13. 4. 1960 Archiv-Nr. 69050

Die Kriegsfolgen sind noch nicht beseitigt. Hier ein S-Bahnzug auf der Strecke nach Rangsdorf, vor der Behelfsbrücke über den Teltow-Kanal. Der S-Bahnzug benutzt die für diesen Zweck eingerichtete Brücke der Fernbahn mit.
Im Hintergrund der Bahnhof Mariendorf.
Foto: 16. 4. 1949 Archiv-Nr. 1213

Nach der Übernahme der S-Bahn durch die BVG wurde sie in Teilabschnitten wieder in Betrieb genommen. Das Foto zeigt den Eröffnungszug der Teilstrecke Gesundbrunnen–Frohnau (Linie S 2) in der Untergrundstation Anhalter Bahnhof.

Foto: 1. 10. 1984

Archiv-Nr. 261 390

S-Bahn-Übergang in der Gorkistraße in Tegel, Bezirk Reinickendorf. Foto: 6. 1. 1984 Archiv-Nr. 254 881

Wegen des zweigleisigen Ausbaues der Strecke nach Frohnau, wurde der S-Bahnhof Frohnau am 22. Dezember 1966 zum zweiten Mal unter der Verwaltung der BVG in Betrieb genommen.
Foto: 22. 12. 1986 Archiv-Nr. 283006

Im Oktober 1986 stellte die BVG die Prototypen einer neuen S-Bahn-Generation (Baureihe 480) bei der Waggon-Union, Miraustr. 30, vor. Links der Doppeltriebwagen (DTw) 480003/503, rot-beige, mit je einem Führerstand an beiden Enden der 36,8 m langen Einheit (Viertelzug), rechts der Doppeltriebwagen 480002/502, kristallblau.
Foto: 22. 10. 1986 Archiv-Nr. 281821

Vorstellung des neuen Doppeltriebwagens 480 504 mit zwei Führerständen an den Enden der 36,8 m langen Einheit auf dem S-Bahnhof Grunewald. Foto: 9. 5. 1987 Archiv-Nr. 285 052

Hoch- und Untergrundbahn

Hochbahnhof Hallesches Tor und Belle-Alliance-Brücke über den Landwehrkanal.

Foto: um 1910 Archiv-Nr. II 243

Das Foto dokumentiert den Bau des Hochbahnhofes Stralauer Tor und des Kopfbahnhofes Warschauer Brücke. Im Vordergrund rechts erkennt man die Spree und angrenzende Lagerplätze. Die neugotischen Türme gehören zur Oberbaumbrücke, auf der der Fotograf stand. Die vier hellen Pfeiler in der Bildmitte sind die mit Werkstein verkleideten Stützen für den Bahnhof Stralauer Tor, dessen Treppenhaus links im Rohbau erkennbar ist.
Der dreigleisige Bahnhof Warschauer Brücke entstand auf einem gemauerten Viadukt, der nach Norden, zum Eingang an der Warschauer-Ecke Rudolfstraße hin, fast ebenerdig wird. Der Endbahnhof wurde am 17. August 1902 eröffnet. Seit dem 13. August 1961 ist er geschlossen.
Foto: um 1901 Archiv-Nr. 139222

Der Hochbahnhof Stralauer Tor (am Bahnhofseingang noch mit „th" geschrieben) wurde mit der offiziellen Inbetriebnahme der Hochbahnstrecke zwischen dem Stralauer Tor und dem Potsdamer Platz am 18. 2. 1902 eröffnet.
Die Bahnhofshalle entwarf das Konstruktionsbüro der Firma Siemens, den freistehenden Treppenturm der Regierungsbaumeister Decker. Die Halle stand auf gemauerten Stützen. Rechts an die Halle schließt sich die Oberbaumbrücke an. Die Straße im Vordergrund ist die Mühlenstraße, die hinter der Brücke Stralauer Allee heißt.
Der 1913 anstelle der Lagerplätze (im Hintergrund) angelegte Osthafen, gab dem Bahnhof 1924 einen neuen Namen. Während des Zweiten Weltkrieges wurde der Bahnhof zerstört.
Foto: 1902 Archiv-Nr. II 4769

Die 1894–1896 erbaute Oberbaumbrücke ist die längste Flußbrücke Berlins. Sie überspannt die an dieser Stelle etwa 150 m breite Oberspree.
Noch vor dem Baubeginn hatten die Stadt Berlin und die Firma Siemens & Halske vereinbart, die Hochbahn in das Bauwerk zu integrieren.
Die Brückenarchitektur mit sieben aus Klinkern hergestellten Gewölben entwarf der Regierungsbaumeister Otto Stahn. Die beiden Türme, mit auskragendem Wehrgang, waren dem Mitteltorturm in Prenzlau nachgebildet.
Foto: 1903 Archiv-Nr. II 3677

Der Bahnhof Schlesisches Tor in der Skalitzer Straße (hier von einem Haus in der Oberbaumstraße aus gesehen) wurde 1899–1901 nach Plänen der Architektengemeinschaft Grisebach & Dinklage erbaut. Der aufwendig gestaltete zwei- bis dreigeschossige Eingangsbereich aus Sand- und Backstein zeigt Anklänge an den gotischen Baustil und den der Renaissance. Im Erdgeschoß befanden sich Läden. Die das Bauwerk betonende Haube des Turmes, 1951 noch vorhanden, wurde abgebrochen und ebenso wie der Schornstein 1986 rekonstruiert.
Foto: 1901 Archiv-Nr. II 12 116

Ein Blick auf die Gleisebene des Hochbahnhofs Schlesisches Tor im Jahr der Eröffnung.
Der Bahnhof hat überdachte Seitenbahnsteige. Die Dächer sind abgewalmt.
Foto: 1902 Archiv-Nr. II 12 115

Der Hochbahnhof Schlesisches Tor nach dem Zweiten Weltkrieg.
Das Foto erlaubt einen guten Überblick über den Verlauf der Hochbahnstrecke in der Skalitzer Straße. Der Triebwagen 148 vom Typ A1 T4 stammt noch aus dem Baujahr 1913.
Foto: 1951 Archiv-Nr. 19638

Der Hochbahnviadukt im Zuge der Skalitzer Straße zwischen den Bahnhöfen Oranienstraße (seit 1926 Görlitzer Bahnhof) und Schlesisches Tor. Den Fotografen interessierte bei der Aufnahme die Einbindung der Hochbahnstrecke in die bestehende Stadtstruktur.

Die Emmauskirche auf dem Lausitzer Platz wurde 1890–1893 nach Plänen von August Orth errichtet.
Sie brannte nach dem Bombenangriff vom 3. Februar 1945 aus. Danach wurde sie bis auf den Turm gesprengt. Das neue Kirchenschiff wurde 1957–1959 nach Plänen Ludolf von Walthausens erbaut. Der Platz mit acht Straßeneinmündungen erhielt ab 1882 eine gärtnerische Gestaltung durch Hermann Mächtig. Die Pläne hatte Gustav Meyer bereits 1875/1876 entwickelt.
Foto: 1901 Archiv-Nr. II 4768

Den Hochbahnhof Kottbusser Tor in der Skalitzer Straße mit den beiden Seitenbahnsteigen entwarf das Konstruktionsbüro der Firma Siemens & Halske. Im Zusammenhang mit dem Ausbau der Untergrundbahn Gesundbrunnen–Leinestraße wurde der Bahnhof abgerissen und etwa 100 Meter nach Westen versetzt. Die neue Halle entwarf Alfred Grenander. In der Mitte des Bahnsteiges führte eine Treppe zur Untergrundbahn.
Der Betrieb im neuen Gebäude begann am 4. August 1929. Mit dem Neubau des Hochbahnhofes wurde auch die hier sichtbare Grünanlage umgestaltet. Nach rechts und links verläuft die Reichenberger Straße.
Foto: 1901 Archiv-Nr. II 4774

Der Hochbahnhof in der Gitschiner Straße an der Kreuzung Prinzenstraße wurde vom Konstruktionsbüro der Firma Siemens & Halske entworfen. Der Architekt Paul Wittig wählte für das Treppengebäude den Stil der deutschen Renaissance. Der nördliche Eingang ist in das Wohnhaus Gitschiner Straße 72 eingebunden und, wie der Treppenpavillon, mit dem Bahnhof durch eine verglaste Stahlbrücke verbunden.
Links hinter dem Treppengebäude ist ein Gasbehälter der Englischen Gasanstalt zu erkennen.
Foto: 1902 Archiv-Nr. II 4766

Die Aufnahme verdeutlicht die Führung der Hochbahnstrecke oberhalb der dicht bebauten Gitschiner Straße zwischen dem Halleschen Tor und dem Bahnhof Prinzenstraße im Hintergrund. Rechts ein Gasbehälter der Englischen Gasanstalt.
Foto: um 1910 Archiv-Nr. 139 223

Der vom Volksmund „Magistratsschirm" genannte Hochbahnviadukt schwenkt hier vom Landwehrkanal in die ehemalige Mittelpromenade der Gitschiner Straße ein. Die Eisenpfeiler sind mit Jugendstilornamenten versehen. Von der Gitschiner Straße zweigt nach rechts, parallel zum Landwehrkanal verlaufend, das Sedanufer ab.
Foto: Juli 1910 Archiv-Nr. 201 084

Dieses Foto läßt nicht nur das Herz der Verkehrsfreunde höher schlagen. Den Mittelpunkt bildet das Verkehrstreiben auf der Belle-Alliance-Brücke (Hallesche-Tor-Brücke). Kraftomnibusse, Pferdeomnibusse, elektrische Straßenbahnen, Droschken, Pferdefuhrwerke, ein Sprengwagen, ein Schleppzug auf dem Landwehrkanal und der Hochbahnhof Hallesches Tor repräsentieren den Nahverkehr im Berlin des Jahres 1906.
Der Hochbahnhof wurde von den Architekten Solf und Wichards entworfen. Die Halleneinfahrt an der Ostseite erhielt eine Betonung durch zwei Werksteinpfeiler mit Flügelrädern. Jenseits der Gleise steht eines der von Heinrich Strack 1879 erbauten Torhäuser. Die Arkaden verbinden das Hallesche Ufer mit dem Belle-Alliance-Platz (Mehringplatz).
Foto: 1906 Archiv-Nr. II 2984

Der Hochbahnhof Hallesches Tor von der Brücke über den Landwehrkanal her gesehen. Im Frühjahr 1949 sind die ersten Schäden aus dem Zweiten Weltkrieg beseitigt, aber das Dach und die Verglasung fehlen noch.
Foto: 25. 4. 1949 Archiv-Nr. 1072

Nach Ende des Zweiten Weltkrieges wurde östlich des Hochbahnhofes Hallesches Tor auf dem Nordgleis ein provisorischer Bahnhof errichtet, der über Holztreppen vom Halleschen Ufer aus zu erreichen war.
Foto: 27. 9. 1949 Archiv-Nr. 2652

Der Hochbahnhof Hallesches Tor während des Wiederaufbaues. Die dekorative Halleneinfahrt wurde nicht wieder hergestellt. Teilweise konnte auf der Strecke nur ein Gleis befahren werden
Der Triebwagen 145 vom Typ A1 T4 wurde 1913 gebaut.
Foto: 27. 9. 1949 Archiv-Nr. 2654

Im Herbst 1949 war der Hochbahnhof Hallesches Tor provisorisch wiederhergestellt. Die Züge verkehrten damals noch bis Warschauer Brücke.
Der Triebwagen vom Typ A1 T4 wurde 1910 gebaut.
Foto: Oktober 1949 Archiv-Nr. 2650

Die Hochbahnstrecke am Halleschen Ufer zwischen den Bahnhöfen Möckernbrücke und Hallesches Tor.
Das Foto zeigt den geschmückten Zug, der am 18. Februar 1902, dem offiziellen Eröffnungstag der sogenannten Stammstrecke, in Richtung Bahnhof Hallesches Tor fährt. Die Hochbahngesellschaft als Betreiber übergab an diesem Tag die Teilstrecke zwischen dem Stralauer Tor und dem Potsdamer Platz dem Verkehr. Der Fotograf hielt die Fahrt vom Tempelhofer Ufer aus fest. Im Hintergrund führt die Großbeerenbrücke über den Landwehrkanal.
Foto: 18. 2. 1902 Archiv-Nr. 124 885

1975 bot die Umgebung der Stammstrecke ein anderes Bild. Die Bebauung am Halleschen Ufer wurde während des Zweiten Weltkrieges zerstört. Unter den neu entstandenen Bauten dominiert das Hochhaus des Postscheckamtes. Links im Hintergrund ist ein Teil der Großbeerenbrücke zu erkennen. Im Vordergrund verbindet die 1966–1970 erbaute neue Mehringbrücke die Stresemannstraße (rechts) mit dem Mehringdamm. Der Zug verläßt gerade den Hochbahnhof Hallesches Tor in Richtung Möckernbrücke.
Foto: August 1975 Archiv-Nr. 183 396

Die Hochbahnstrecke zwischen den Bahnhöfen Möckernbrücke und Gleisdreieck. Der Zug fährt in Richtung Gleisdreieck. Die Brücke mit dem Berliner Bären sowie den Wappen Schönebergs und Charlottenburgs, also den Städten, durch die die Bahn fuhr, entwarf Paul Wittig. Derselbe Architekt entwarf auch das Kraftwerk der Hochbahngesellschaft an der Trebbiner Straße, dessen Schornstein man im Hintergrund rauchen sieht.
Vier Verkehrsebenen, Wasser, Straße, Eisenbahn und Hochbahn überschnitten sich hier. Das Pferdefuhrwerk im Vordergrund fährt auf dem Halleschen Ufer. Links ist, angeschnitten, die Möckernbrücke zu erkennen. Die Gleise unter der Hochbahn führten rechts zum Anhalter Bahnhof, links zum Anhalter Güterbahnhof, dessen Gebäude heute vom Museum für Verkehr und Technik genutzt werden.
Foto: 1902 Archiv-Nr. II 12 106

Die Verkehrssituation am Landwehrkanal zwischen dem Halleschen Ufer (rechts) und dem Tempelhofer Ufer (links) wird hier besonders deutlich. Ein Lastkahn wird an der Ladestraße am Halleschen Ufer gelöscht. Die Ladestraße wird überbrückt von der Berlin-Anhalter-Eisenbahn und der Brücke der Hochbahn. Die Hochbahnbrücke, das Torhaus und das Kraftwerk entwarf Paul Wittig. Das Torhaus wurde im Zweiten Weltkrieg zerstört.
Foto: um 1905 Archiv-Nr. 153 989

Die Aufnahme zeigt die unterschiedlichen Niveaus der Viadukte am Gleisdreieck. Die Schornsteine im Hintergrund gehören zum Kraftwerk der Hochbahngesellschaft, das an der Trebbiner Str. 1–4 nach Entwürfen des Architekten Paul Wittig 1901/1902 erbaut wurde.
Zwischen dem Kraftwerk, der Hochbahnstrecke und der Wohnbebauung an der Luckenwalder Straße (links) steht das Kühlhaus II der Gesellschaft für Markt- & Kühlhallen.
Foto: 1902 Archiv-Nr. II 4765

Aus der Aufnahme wird ersichtlich, wie das Gleisdreieck zu seinem Namen kam. Durch den Abzweig von der Stammstrecke zum Potsdamer Platz kam es zu einer komplizierten Gleisführung. An den Spitzen des Dreiecks wurden die Strecken über- und untereinander geführt. Die Backsteinviadukte entstanden in Anlehnung an die Stadtbahnarchitektur.
In die Mitte des Dreiecks setzten die Konstrukteure einen Wagenschuppen. Erst am 3. 11. 1912 wurde anstelle des Gleisdreiecks der zweigeschossige, kreuzförmige, übereinanderliegende Bahnhof eröffnet.
Der Turm im Hintergrund gehört zur Luther-Kirche am Dennewitzplatz.
Foto: 1902 Archiv-Nr. II 4195

Das Foto zeigt die Durchfahrt durch das Haus Bülowstraße 69 Ecke Dennewitzstraße. Zu diesem Kuriosum kam es, weil sich herausstellte, daß ein Abriß weniger wirtschaftlich war als der Durchbruch durch die beiden unteren Etagen.
Entgegen allen Befürchtungen zogen die Mieter in den darübergelegenen Stockwerken nicht aus. Das Haus war eine Berliner Sehenswürdigkeit. Für die Straßenbahnen mit Decksitz befand sich an der Brücke der Hinweis „Achtung! Nicht aufstehen." Das Haus wurde während des Zweiten Weltkrieges zerstört.
Foto: 1905 Archiv-Nr. II 4779

Bruno Möhring, der bekannte Architekt, gestaltete den Hochbahnhof Bülowstraße. Unverkennbar sind die Formen des Jugendstils. Durch hohe Sandsteinpylone ist die Brücke über der Kreuzung Bülowstraße/Potsdamer Straße betont. Die Einfahrt in den Bahnhof aus Richtung Westen (Nollendorfplatz) ist als Portalbau mit einem großen Ziergiebel versehen. Einfacher ist die Einfahrt von Osten gehalten. Der Brückenkonstruktion über der Steinmetzstraße hat Möhring ein Jugendstilgitter vorgesetzt.

Foto: 1902 Archiv-Nr. II 5208

Besonders dekorativ gestaltet war der Hochbahnhof Nollendorfplatz. Er besaß Seitenbahnsteige, die durch die große Halle teilweise überdacht waren. Am westlichen Ende befand sich das Eingangsgebäude mit den Treppen. Die Eingangssituation war durch eine Halle mit hoher Kuppel und Laterne sowie durch bogenförmige Fenster zwischen Sandsteinpylonen besonders akzentuiert. Den Bahnhof in den Formen des Jugendstils entwarf die Architektengemeinschaft Cremer & Wolffenstein.
Foto: 1902 Archiv-Nr. II 5209

Die Wohnbebauung am Nollendorfplatz, an der Kleist- und Bülowstraße wurde während des Zweiten Weltkrieges stark zerstört. Auch der Hochbahnhof Nollendorfplatz war eine Ruine. Im Mai 1947 wurde der Betrieb provisorisch wieder aufgenommen, und 1955 folgte der Neubau der Halle in vereinfachten Formen.
Foto: 18. 7. 1955 Archiv-Nr. 41 866

Auf dem 1971 stillgelegten Hochbahnhof Nollendorfplatz wurde am 3. September 1973 ein Flohmarkt, kurz „Nolle“ genannt, eröffnet. Als Verkaufsläden dienen ausgediente U-Bahnwagen.
Foto: 11. 9. 1973 Archiv-Nr. 164 350

Die Rampe zwischen dem im Hintergrund sichtbaren Hochbahnhof Nollendorfplatz und dem Untergrundbahnhof Wittenbergplatz war eine besondere Sehenswürdigkeit, wie das Foto verdeutlicht. Für die Anlage der Rampe wurde die ehemalige Mittelpromenade der Kleiststraße benutzt. Von der alten Straßenbebauung ist nach dem Zweiten Weltkrieg kaum etwas erhalten geblieben. Das dekorative Rampengitter entwarf Bruno Möhring.
Foto: 1902 Archiv-Nr. II 12108

Den Eingang zum Untergrundbahnhof Wittenbergplatz entwarf Alfred Grenander im Jugendstil. Er wurde 1911 für den Neubau des heutigen Eingangsgebäudes abgetragen.
Die Straßenbahn kommt aus der Kleiststraße und fährt in Richtung Kaiser-Wilhelm-Gedächtniskirche.
Seit 1902 trugen die Linien der Tochtergesellschaften der Großen Berliner Straßenbahn Buchstaben neben der Nennung des Zielortes. Die Linie A verkehrte zwischen Potsdamer Platz/Linkstraße und Hundekehle.
Der Triebwagen 37 wurde mit Neu-Berolina-Untergestell zwischen 1897 und 1900 erbaut.
Foto: um 1905 Archiv-Nr. 123569

Der Wittenbergplatz mit dem z. T. zerstörten U-Bahnhof ein Jahr nach dem Zweiten Weltkrieg, von der Kleiststraße aus gesehen. Links das stark beschädigte KaDeWe (Kaufhaus des Westens).
Foto: Mai 1946 Archiv-Nr. 5599

Am 17. 4. 1954 erfüllte der Nordwestdeutsche Rundfunk (NWDR) Osterwünsche Berliner Kinder. Die Jungen durften eine U-Bahnfahrt im Führerstand miterleben. Der Triebwagen 319 vom Typ A2 T4, hier auf dem U-Bahnhof Wittenbergplatz, wurde 1928 gebaut.
Foto: 17. 4. 1954 Archiv-Nr. 32 498

1911–1913, als die Wilmersdorf-Dahlemer Untergrundbahn vom Wittenbergplatz zum Thielplatz gebaut wurde, gestaltete Alfred Grenander den Bahnhof Wittenbergplatz um. Auf einer Mittelinsel zwischen Tauentzienstraße und Kleiststraße errichtete er ein dem Berliner Klassizismus nachempfundenes Eingangsgebäude mit kreuzförmigem Grundriß. Der charakteristische Bau aus Eisenfachwerk war mit Muschelkalkplatten verkleidet und durch die überhöhte Vierung mit Zeltdach bereits aus der Ferne zu erkennen. In den 80er Jahren wiederhergestellt, beherrscht er heute wieder den belebten Platz und erinnert in seiner Innenausstattung an die Zeit seiner Entstehung.
Foto: Mai 1985 Archiv-Nr. 271 895

An der Ecke Hardenbergstraße/Joachimstaler Straße unterfährt die Untergrundbahn die Stadt- und Fernbahn.
Alfred Grenander entwarf den am 11. März 1902 in Betrieb genommenen Untergrundbahnhof Zoologischer Garten und dessen Eingänge. Hinter der Eisenbahnbrücke steht rechts die 1900 erbaute Villa Hardenbergstr. 32, die als Dienstwohngebäude des Kommandierenden Generals des III. Armeekorps genutzt wurde. Dahinter folgen die Gebäude der Militärtechnischen Akademie und die Hochschule für bildende Künste und Musik.
Foto: 1903 Archiv-Nr. II 3043

1927/1928 gestaltete Alfred Grenander den Untergrundbahnhof Zoologischer Garten um. Die Bahnsteige wurden verlängert, und der Eingang an der Hardenbergstraße erhielt eine klare, sachliche Form.
An der linken Seite der Hardenbergstraße standen seit 1907 die von C. Gause entworfenen Ausstellungshallen am Zoo. Im Eckgebäude war das Konzert-Café Wilhelmshallen etabliert. Der Ufa-Palast schloß sich an.
Foto: 1931 Archiv-Nr. II 2216

Der Untergrundbahnhof Kaiserhof am Wilhelmplatz (seit 1950 Thälmannplatz, seit dem 15. 4. 1986 Otto-Grotewohl-Straße) wurde im Zuge der sogenannten Innenstadtlinie zwischen Leipziger Platz und Spittelmarkt 1906–1908 erbaut. Der Architekt war auch hier Alfred Grenander.
Der historische Platz, dessen Geschichte bis in das Jahr 1732 zurückreicht, wurde 1908 von Hermann Mächtig in Verbindung mit dem Bau der Untergrundbahn durch die Hochbahngesellschaft verändert. Mächtig integrierte den Eingang mit der ellipsenförmigen Pergola in die Grünanlage. Der Bau rechts ist das Hotel „Kaiserhof“.
Foto: Mai 1910 Archiv-Nr. 201083

Am 27. Juli 1913 nahm die Hochbahngesellschaft die Strecke Alexanderplatz–Nordring (seit 1936 Schönhauser Allee) in Betrieb. Die Rampe wurde zwischen den Bahnhöfen Danziger Straße (seit 1950 Dimitroffstraße) und dem Senefelderplatz angelegt. Rechts, an der Schönhauser Allee, steht die von Franz Schwechten erbaute Schultheiss-Patzenhofer Brauerei.
Der Triebwagen Nr. 392 vom Typ A2 T4 wurde 1928/1929 gebaut.
Foto: 1931 Archiv-Nr. II 1205

Im Juli 1945 wurden die Bombenschäden an der Hochbahnstrecke Schönhauser Allee behoben.
Foto: 18. 7. 1945 Archiv-Nr. 20 234

Der Hochbahnhof Dimitroffstraße (bis 1950 Danziger Straße) Anfang der 80er Jahre. Der Architekt des zweigleisigen Bahnhofes mit Mittelbahnsteig und Zugangstreppe am südlichen Hallenende war Alfred Grenander.
Foto: August 1983 Archiv-Nr. 254 222

Zwischen 1912 und 1930 wurde die Nord-Süd-Bahn gebaut. Bauherr war die Berliner Nordsüdbahn AG. Die Aufnahme des Betriebes erfolgte abschnittweise zwischen dem 30. Januar 1923 und dem 21. Dezember 1930.
Der U-Bahnhof Hermannplatz wurde 1923–1926 nach Plänen Alfred Grenanders erbaut und am 11. April 1926 eröffnet. Vom Mittelbahnsteig führte ein Übergang direkt in das Kaufhaus Karstadt.
Foto: 25. 6. 1929 Archiv-Nr. 269 179

Der gerade fertiggestellte U-Bahnhof Stadion (später Olympiastadion) nach Ankunft eines Zuges im Jahre 1913.
Das Eingangsgebäude gestaltete Sepp Kaiser 1912/1913 als Fachwerkbau. Jugendstilanklänge sind erkennbar. Der Mittelbahnsteig des zweigleisigen Bahnhofes war nicht überdacht. Bis 1922 war der Bahnhof nur Bedarfshaltestelle bei Veranstaltungen im Grunewaldstadion oder auf der Rennbahn.
Foto: 1913 Archiv-Nr. II 8896

Die Gegend um den Nürnberger Platz wurde während des Zweiten Weltkrieges fast völlig zerstört. Auch die Untergrundbahn in der Spichernstraße blieb davon nicht verschont. Im Hintergrund ist der nicht mehr existierende U-Bahnhof Nürnberger Platz zu erkennen.
Der Triebwagen 271 vom Typ A1 T4 stammt aus dem Baujahr 1924/1925.
Foto: um 1946 Archiv-Nr. 17414

Die Wilmersdorf-Dahlemer Untergrundbahn (die U-Bahnlinie 2) wurde 1909–1913 gebaut. Der Betrieb auf der Strecke Wittenbergplatz–Thielplatz begann am 12. Oktober 1913. Bauherren waren die Hochbahngesellschaft (bis Nürnberger Platz), die Stadt Wilmersdorf (bis Breitenbachplatz) und die Königliche Kommission für die Aufteilung der Domäne Dahlem (bis Thielplatz).

Die Einschnittbahn zwischen Podbielskiallee und Thielplatz entwarf der Geheime Baurat Oswald Bandekow.

Das Foto zeigt die Einschnittbahn von der Brücke Thielallee aus. Im Hintergrund der Bahnhof Dahlem-Dorf.

Foto: Juni 1975 Archiv-Nr. 181 926

Am 1. Oktober 1984 wurde die Verlängerung der U-Bahnlinie 7, Rohrdamm–Rathaus Spandau, in Betrieb genommen. Die Bahnhöfe unterscheiden sich in ihrer individuellen, teilweise auch aufwendigen Gestaltung wesentlich von den Bauten früherer Jahre.
Die Historie der Umgebung der Bahnhöfe bot dem Architekten Rainer G. Rümmler wesentliche Anregungen für seine architektonischen Lösungen.
Der Bahnhof Rathaus Spandau ist als viergleisiger Umsteigebahnhof der größte bisher in Berlin gebaute U-Bahnhof. Er nimmt im schwarz-weißen Muster des Fußbodens Bezug auf die Eingangshalle des direkt am Bahnhofsausgang stehenden Rathauses.
Foto: 25. 9. 1984 Archiv-Nr. 261 285

Am 27. 4. 1987 wurde die 2,9 Kilometer lange U-Bahn-Strecke zwischen Osloer Straße und Paracelsus-Bad eröffnet. Das U-Bahnnetz in West-Berlin hat jetzt eine Länge von 109,2 Kilometern. Es verfügt über 119 Bahnhöfe.
Den Bahnhof Residenzstraße entwarf der Architekt Gerhard Rümmler. Bilder auf glasierten Fliesen weisen auf die historische Bedeutung der Residenzstraße hin.
Foto: Mai 1987 Archiv-Nr. 285 368

Auch den Bahnhof Paracelsus-Bad entwarf Gerhard Rümmler. Die Fliesenbilder zeigen hier historische Bademotive.

Foto: Mai 1987 Archiv-Nr. 285 354

43-01